"十三五"国家重点出版物出版规划项目

名校名家基础学科系列

大学数学教程（中少学时）
一分册　微积分　上

程晓亮　张双红　秦　雪　王宏仁　王　岚　华志强　编

机械工业出版社

微积分课程是高等学校理工类的一门重要基础课. 针对部分专业中微积分这门课程学时较少的情况, 编者编写了本套微积分教材.

本套书共分上、下两册. 上册包括函数、极限与连续, 导数与微分, 微分中值定理和导数的应用, 不定积分, 以及定积分. 下册包括空间解析几何初步、多元函数的极限与连续性、二重积分和无穷级数. 本书为上册.

本书适合高等学校理工类以及经济管理类各专业学生作为教材使用, 也可供自学者和专业人士入门阅读.

图书在版编目（CIP）数据

大学数学教程：中少学时. 一分册, 微积分. 上/程晓亮等编. —北京：机械工业出版社, 2021.6（2023.1 重印）
（名校名家基础学科系列）
"十三五"国家重点出版物出版规划项目
ISBN 978-7-111-67739-0

Ⅰ. ①大… Ⅱ. ①程… Ⅲ. ①高等数学－高等学校－教材②微积分－高等学校－教材 Ⅳ. ①O13

中国版本图书馆 CIP 数据核字（2021）第 042460 号

机械工业出版社（北京市百万庄大街22号 邮政编码100037）
策划编辑：韩效杰 责任编辑：韩效杰 李 乐
责任校对：陈 越 封面设计：鞠 杨
责任印制：郜 敏
北京盛通商印快线网络科技有限公司印刷
2023 年 1 月第 1 版第 2 次印刷
184mm×260mm · 10.5 印张 · 250 千字
标准书号：ISBN 978-7-111-67739-0
定价：35.00 元

电话服务　　　　　　　　网络服务
客服电话：010-88361066　　机 工 官 网：www.cmpbook.com
　　　　　010-88379833　　机 工 官 博：weibo.com/cmp1952
　　　　　010-68326294　　金 书 网：www.golden-book.com
封底无防伪标均为盗版　　机工教育服务网：www.cmpedu.com

前　言

　　微积分是高等数学中研究函数的微分、积分以及有关概念和应用的数学分支. 它是数学的一个基础学科, 内容主要包括极限、微分学、积分学及其应用. 微分学包括求导数的运算, 是一系列关于变化率的理论, 它使得函数、速度、加速度和曲线的斜率等均可用一套通用的符号进行讨论. 积分学包括求积分的运算, 为计算面积、体积等提供一套通用的方法.

　　目前, 微积分在自然科学、工程技术、经济与管理等众多方面都有着各种重要的应用. 同时, 它也是高等学校理工类与经济类专业的一门重要基础课. 微积分的知识是学生学习专业课的基础, 它的抽象逻辑性可以培养学生的思维能力. 但在某些专业中这门课程的学时仍旧较少, 本套书主要是根据这些专业的学时要求而编写的. 本套书遵循教师易教、学生易学的原则, 重点讲授微积分的基本概念、基本定理以及基本方法等, 对于其他问题不做深入的讨论. 本套书利用问题引出概念, 并在每小节配有习题, 章末配有总习题, 便于学生理解.

　　本套书以函数为主线, 包括极限、导数与微分、积分及级数等内容. 上册第 1 章, 由数列极限引入, 进而介绍函数极限及相关性质. 第 2 章, 继续深入学习高中时学习过的导数内容. 第 3 章, 详细地介绍了微分中值定理及其应用. 第 4 章, 在前面学习的基础上, 介绍不定积分及几种积分方法. 第 5 章, 主要是在不定积分学习的基础上, 介绍定积分的相关内容及应用. 下册第 1 章, 主要介绍空间解析几何的初步知识, 为微分和积分知识由一元函数向多元函数推广做相关知识准备. 第 2 章, 介绍多元函数的连续、重极限和累次极限, 以及偏导数和全微分等内容. 第 3 章, 介绍重积分的概念及相关计算和应用. 第 4 章, 主要介绍级数的相关内容.

　　由于编者水平有限, 书中难免有不妥之处, 恳请读者批评指正.

编　者

目 录

函数、极限与连续

粗略地说，数学由三个大的分支组成：几何学、代数学和分析学，它们有着各自的研究对象、内容和方法，同时又相互依赖和渗透。分析学是从"微积分"开始的。虽然在古代已经产生了微积分的朴素的思想，但作为一门学科，则建立于17世纪下半叶。在这一方面，英国、法国和德国的数学家们均做出了杰出的贡献。创立微积分的大师们着眼于发展强有力的方法，他们虽然解决了许多过去被认为是无法攻克的难题，却未能为自己的方法奠定无懈可击的理论基础。这就引起了长达一个多世纪的混乱和争论，直到19世纪才被澄清。这主要是由于有了严格的极限理论，以及这一理论所依赖的"实数的连续性"。

1.1 函数

初等数学的主要研究对象是常量，而高等数学的研究对象则是变量。现实世界中，变量与变量之间普遍存在着某些依赖关系，这就是所谓的函数关系。"函数"是微积分中最基本的研究对象，也可以说微积分就是在极限理论意义下研究函数的性质的。

本节将介绍函数的概念、性质及运算等。

1.1.1 函数的概念

定义 1.1.1 设非空数集 $D \subset \mathbf{R}$，则称映射 $f: D \to \mathbf{R}$ 为定义在 D 上的函数，简记为

$$y = f(x), \quad x \in D.$$

其中 x 称为自变量，y 称为因变量。D 称为这个函数的定义域，记作 D_f，即 $D_f = D$。函数值 $f(x)$ 的全体组成的集合称为 f 的值域，记为 R_f 或 $f(D)$，即 $R_f = f(D) = \{y \mid y = f(x), x \in D\}$。

例 1.1.1   绝对值函数

$$y = |x| = \begin{cases} -x, & x<0, \\ x, & x \geqslant 0 \end{cases}$$

的定义域 $D = \mathbf{R}$；值域 $R_f = [0, +\infty)$.

例 1.1.2   符号函数

$$y = \text{sgn}\, x = \begin{cases} -1, & x<0, \\ 0, & x=0, \\ 1, & x>0 \end{cases}$$

的定义域 $D = \mathbf{R}$；值域 $R_f = \{-1, 0, 1\}$.

符号函数与绝对值函数有如下关系：

$$|x| = x(\text{sgn}\, x), \quad x = |x|\,\text{sgn}\, x.$$

例 1.1.3   设 $x \in \mathbf{R}$，称不超过 x 的最大整数为 x 的整数部分，记为 $[x]$.

例如，

$$\left[\frac{6}{7}\right] = 0, \quad [\sqrt{3}] = 1, \quad [-3.4] = -4.$$

注 1   若 $x>0$，则称 $x-[x]$ 为 x 的小数部分. 容易证明

$$0 \leqslant x-[x] < 1; \text{或 } x-1 < [x] \leqslant x.$$

注 2   若把 x 看作变量，则 $y = [x]$ 称为取整函数，其定义域 $D = \mathbf{R}$，值域 $R_f = \mathbf{Z}$.

1.1.2   反函数与复合函数

一般来说，函数的自变量和因变量是相对的，哪个变量作为自变量，哪个变量作为因变量是由具体问题决定的.

例 1.1.4   已知圆的半径为 r，则圆的面积 S 是半径 r 的函数：

$$S = \pi r^2,$$

这里 r 是自变量，S 是因变量. 若已知圆的面积 S，反过来求圆的半径 r，则有

$$r = \sqrt{\frac{S}{\pi}},$$

此时，S 是自变量，r 是因变量.

以上两个式子是同一个关系的不同写法，但从函数的观点来看，由于对应的法则不同，它们是两个不同的函数，常称它们互为反函数.

一般地，我们有如下定义.

定义 1.1.2   设函数

$$y = f(x), x \in D$$

　　满足：对于值域 $f(D)$ 中的每一个值 y，在 D 中有且只有一个值 x 使得 $f(x)=y$，则按此对应法则得到一个定义在 $f(D)$ 上的函数，称这个函数为 f 的反函数，记作

$$x=f^{-1}(y), y\in f(D).$$

　　注　反函数 f^{-1} 的对应法则是完全由函数 f 的对应法则所确定的. f 与 f^{-1} 互为反函数，并且有

$$f^{-1}(f(x))=x, x\in D,$$
$$f(f^{-1}(y))=y, y\in f(D).$$

例 1.1.5　某汽车行驶了 10h，每千米耗油量为 0.2L，行驶速度为 60km/h. 于是汽车在行驶过程中，耗油量 y 是行驶距离 s 的函数，即

$$y=f(s)=0.2s, s\in[0,+\infty).$$

而行驶距离 s 又是行驶时间 t 的函数，即

$$s=g(t)=60t, t\in[0,10].$$

因此，汽车的耗油量 y，通过中间变量 s 与时间 t 建立了函数关系

$$y=0.2s=0.2\times60t=12t, t\in[0,10].$$

　　由此看到 y 与 t 的对应关系，是由两个函数 $y=f(s)$ 与 $s=g(t)$ 复合而成的.

定义 1.1.3　设函数 $y=f(u)$ 的定义域为 D_f，函数 $u=g(x)$ 的定义域为 D_g，且其值域 $R_g\subset D_f$，则由

$$y=f(g(x)), x\in D_g$$

确定的函数，称为由函数 $u=g(x)$ 与函数 $y=f(u)$ 所构成的复合函数，记为 $f\circ g$，即

$$(f\circ g)(x)=f(g(x)).$$

它的定义域为 D_g，变量 u 称为中间变量.

　　注　g 与 f 构成复合函数 $f\circ g$ 的条件是：函数 g 在 D 上的值域 $g(D)$ 必须包含于 f 的定义域 D_f 内，即 $g(D)\subset D_f$. 否则不能构成复合函数.

例 1.1.6　$y=f(u)=\sqrt{u}$，其定义域 $D_f=[0,+\infty)$，$u=g(x)=1-x^2$，其定义域 $E=(-\infty,+\infty)$，值域 $g(E)=(-\infty,+\infty)$. 要使 g 与 f 构成复合函数 $f\circ g$，需将 $u=g(x)$ 的定义域修改为 $E^*=[-1,1]\subset E$，此时 $g(E^*)=[0,1]\subset D_f$. 复合函数 $f\circ g$ 的值域为

$$f(g(E^*))=[0,1]\subset f(D)=[0,+\infty).$$

其定义域 $E^*=[-1,1]\subset E=(-\infty,+\infty)$，值域 $f(g(E^*))=[0,1]\subset f(D)=[0,+\infty)$。

注　复合函数不仅可以由两个函数构成，也可以由多个函数按一定顺序经过有限次复合而成。

例 1.1.7　函数 $y=\log_a\sqrt{1+x^2}$（$a>0$ 且 $a\neq1$）可以看作是以下三个函数相继复合而成的：

$$y=\log_a u, u\in(0,+\infty),$$
$$u=\sqrt{z}, z\in[0,+\infty),$$
$$z=1+x^2, x\in(-\infty,+\infty).$$

所以函数 $y=\log_a\sqrt{1+x^2}$ 的定义域为 $(-\infty,+\infty)$。

1.1.3　函数的运算

给定两个函数 $f(x)$，$x\in D_f$ 和 $g(x)$，$x\in D_g$。记 $D=D_f\cap D_g\neq\varnothing$，我们定义这两个函数的下列运算：

和(差)$f\pm g$：$(f\pm g)(x)=f(x)\pm g(x)$，$x\in D$；

积 $f\cdot g$：$(f\cdot g)(x)=f(x)\cdot g(x)$，$x\in D$；

商 $\dfrac{f}{g}$：$\left(\dfrac{f}{g}\right)(x)=\dfrac{f(x)}{g(x)}$，$x\in D-\{x\mid g(x)=0, x\in D\}$。

1.1.4　初等函数

在中学数学中，读者已经熟悉下面六类函数：

常值函数　　　　　　$y=C$，C 为常数。

幂函数　　　　　　　$y=x^\mu$，$\mu\in\mathbf{R}$ 是常数。

指数函数　　　　　　$y=a^x$，$a>0$ 且 $a\neq1$。

对数函数　　　　　　$y=\log_a x$，$a>0$ 且 $a\neq1$。

特别地，当 $a=e$ 时，记为　　$y=\ln x$。

三角函数　　$y=\sin x, y=\cos x, y=\tan x, y=\cot x, y=\sec x, y=\csc x$。

反三角函数　　$y=\arcsin x, y=\arccos x, y=\arctan x, y=\mathrm{arccot}x$。

这六类函数称为基本初等函数。

定义 1.1.4　由基本初等函数经过有限次的四则运算和有限次的函数复合所得到的函数，称为初等函数。

例如，$y=\sqrt{10-x^3}$，$y=\cos2x$，$y=\ln(1+x^2)+\sin^2 x$ 等都是初等函数。

1.1.5 具有某些特性的函数

1. 有界函数

定义 1.1.5　设函数 $f(x)$ 的定义域为 D.

若存在数 M_1，使得对任一 $x \in D$，有 $f(x) \leqslant M_1$，则称函数 $f(x)$ 为 D 上的有上界函数，并称 M_1 为函数 $f(x)$ 在 D 上的一个上界. 若存在数 M_2，使得对任一 $x \in D$，有 $f(x) \geqslant M_2$，则称函数 $f(x)$ 为 D 上的有下界函数，并称 M_2 为函数 $f(x)$ 在 D 上的一个下界.

若存在 $M > 0$，使得对任一 $x \in D$ 有
$$|f(x)| \leqslant M,$$
则称函数 $f(x)$ 在 D 上有界，$f(x)$ 是 D 上的有界函数. 如果这样的 M 不存在，则称函数 $f(x)$ 在 D 上无界，此时也就是说对任何 $G > 0$，总存在 $x \in D$，使得 $|f(x)| > G$.

有界函数图像特点是它完全落在平行于 x 轴的两条直线 $y = M$ 和 $y = -M$ 之间.

例如，三角函数 $f(x) = \sin x, g(x) = \cos x$ 在整个数轴上是有界的，因为对一切实数 x，有 $|\sin x| \leqslant 1, |\cos x| \leqslant 1$.

函数 $y = x^3$ 在 $(-\infty, +\infty)$ 上无界，函数 $y = x^2$ 在 $(-\infty, +\infty)$ 上仅有下界，因为对任何实数 x，都有 $x^2 \geqslant 0$.

注　$f(x)$ 在 D 上有界等价于 $f(x)$ 在 D 上既有上界，又有下界.

2. 单调函数

定义 1.1.6　设函数 $f(x)$ 定义在 D 上.

如果对任意的 $x_1, x_2 \in D$，当 $x_1 < x_2$ 时，恒有
$$f(x_1) \leqslant f(x_2),$$
那么称 $f(x)$ 是 D 上的增函数.

如果对任意的 $x_1, x_2 \in D$，当 $x_1 < x_2$ 时，恒有
$$f(x_1) \geqslant f(x_2),$$
那么称 $f(x)$ 是 D 上的减函数.

增函数与减函数统称为单调函数.

注 1　特别地，在增函数的定义中，当成立严格不等式 $f(x_1) < f(x_2)$ 时，我们称 $f(x)$ 是区间 D 上的严格增函数. 严格减函数的定义可类似写出.

注 2　函数的单调性与区间有关. 例如，函数 $y = -x^2$ 在区间 $(-\infty, 0]$ 上是单调增加的，在区间 $[0, +\infty)$ 上是单调减少的，但是

它在$(-\infty,+\infty)$上不是单调的.

注3 任何严格单调函数必有反函数,并且反函数具有相同的严格单调性.

思考:任何严格单调函数必有反函数.那么存在反函数的函数一定严格单调吗?

答:存在反函数的函数不一定是严格单调的.例如,函数

$$f(x)=\begin{cases}x, & x\in(0,1),\\ 1, & x=0,\\ 0, & x=1\end{cases}$$

是$[0,1]$上到$[0,1]$上的一一对应,因此存在反函数.但是易见f在$[0,1]$上不是严格单调的.

例1.1.8 函数$y=x^3$在$(-\infty,+\infty)$上是严格递增的,因为当x_1,x_2异号时,如$x_1<x_2$,则总有$x_1^3<x_2^3$.当x_1,x_2非异号时,由于等式

$$x_1^3-x_2^3=(x_1-x_2)(x_1^2+x_1x_2+x_2^2)$$

右方第二项恒为正,故$x_1^3-x_2^3$与x_1-x_2同号,即当$x_1<x_2$时,也有$x_1^3<x_2^3$.

例1.1.9 $y=[x]$在$(-\infty,+\infty)$上是递增函数(但不是严格递增的),因为对于x_1,$x_2\in D$,当$x_1<x_2$时,有$[x_1]\leqslant[x_2]$.

3. 奇函数与偶函数

定义1.1.7 设函数$f(x)$的定义域D关于原点对称.

若对于任一$x\in D$有
$$f(-x)=-f(x),$$
则称$f(x)$为D上的奇函数.奇函数的图形关于原点对称.

若对于任一$x\in D$,有
$$f(-x)=f(x),$$
则称$f(x)$为D上的偶函数.偶函数的图形关于y轴对称.

例1.1.10 $y=|x|$,$y=\cos x$都是$\mathbf{R}$上的偶函数.

$y=x$,$y=\sin x$都是$\mathbf{R}$上的奇函数,

$y=\sin x-\cos x$是非奇非偶函数.

例1.1.11 符号函数

$$f(x)=\operatorname{sgn}x=\begin{cases}1, & x>0,\\ 0, & x=0,\\ -1, & x<0\end{cases}$$

是奇函数.

4. 周期函数

定义 1.1.8 设函数 $f(x)$ 的定义域为 D. 如果存在一个正数 T，使得对于任一 $x \in D$ 有 $x \pm T \in D$，并且有
$$f(x+T) = f(x),$$
则称 $f(x)$ 为周期函数，T 称为 $f(x)$ 的一个周期. 通常我们说的周期是指最小正周期.

例如，函数 $y = x - [x]$，$x \in (-\infty, +\infty)$ 是周期为 1 的周期函数. 函数 $y = \sin\omega x$，$x \in (-\infty, +\infty)$ 是以 $k = \dfrac{2\pi}{|\omega|}$ 为周期的周期函数.

注 并不是每个周期函数都有最小正周期.

例如，常值函数 $f(x) = C$ 是以任何正数为周期的函数，因此常数函数无最小正周期.

又如，狄利克雷(Dirichlet)函数
$$D(x) = \begin{cases} 1, & \text{当 } x \text{ 为有理数,} \\ 0, & \text{当 } x \text{ 为无理数} \end{cases}$$
是周期函数，所有的有理数 r 都是它的周期，但是它没有最小正周期.

习题 1.1

1. 求下列函数的定义域.

(1) $y = \sqrt{3x+2}$；　　(2) $y = \dfrac{1}{1-x^2}$；

(3) $y = \dfrac{1}{x} - \sqrt{1-x^2}$；　　(4) $y = \dfrac{1}{\sqrt{4-x^2}}$；

(5) $y = \sin\sqrt{x}$；　　(6) $y = \tan(x+1)$；

(7) $y = \arcsin(x-3)$；　　(8) $y = \sqrt{3-x} + \arctan\dfrac{1}{x}$；

(9) $y = \ln(1+x)$；　　(10) $y = e^{\frac{1}{x}}$；

(11) $y = \sqrt{x-2} + \dfrac{1}{x-3} + \dfrac{1}{\lg(5-x)}$；

(12) $y = \arcsin\dfrac{x-1}{2} + \dfrac{1}{\sqrt{x^2-x-2}}$；

(13) $y = 2^{\frac{1}{x}} + \arccos\ln\sqrt{1-x}$；

(14) $y = \begin{cases} x^2+3, & x<0, \\ \lg x, & x>0; \end{cases}$　(15) $y = e^{\frac{1}{\sqrt{x}}} + \dfrac{1}{1-\ln x}$.

2. 已知 $y = f(x)$ 的定义域是 $[0,1]$，求下列函数的定义域.

(1) $f(x-4)$；　　　　(2) $f(\lg x)$.

3. 下列各题中，函数 $f(x)$ 和 $g(x)$ 是否相同？为什么？

(1) $f(x) = \lg x^2$，$g(x) = 2\lg x$；

(2) $f(x) = x$，$g(x) = \sqrt{x^2}$；

(3) $f(x) = \sqrt[3]{x^4 - x^3}$，$g(x) = x\sqrt[3]{x-1}$；

(4) $f(x) = 1$，$g(x) = \sec^2 x - \tan^2 x$.

4. 讨论下列函数的奇偶性.

(1) $f(x) = \dfrac{\sin x}{x} + \cos x$；

(2) $f(x) = x\sqrt{x^2-1} + \tan x$；

(3) $f(x) = x(1-x)$；

(4) $f(x) = \ln(\sqrt{x^2+1} - x)$.

5. 下列各函数中哪些是周期函数？对于周期函数，指出其周期.

(1) $y = \cos(x-2)$；　　(2) $y = \cos 4x$；

(3) $y = 1 + \sin\pi x$；　　(4) $y = x\cos x$；

(5) $y = \sin^2 x$.

6. 求下列函数的反函数.

(1) $y=\sqrt[3]{x+1}$;　　　　　　(2) $y=\dfrac{1-x}{1+x}$;

(3) $y=\dfrac{ax+b}{cx+d}(ad-bc\neq0)$;　(4) $y=2\sin3x$;

(5) $y=1+\ln(x+2)$;　　　　(6) $y=\dfrac{2^x}{2^x+1}$.

7. 指出下列各函数是由哪些基本初等函数复合而成的.

(1) $y=\ln\sin^2x$;　　　　　　(2) $y=5^{\cos\sqrt{x}}$;

(3) $y=\arctan\dfrac{1}{x}$;　　　　(4) $y=\cos^2\ln x$.

8. 求下列函数的复合函数.

(1) 设 $f(x)=\begin{cases}\sqrt{1-x^2}, & |x|<1,\\ x^2+1, & |x|\geqslant1,\end{cases}$ 求 $f(f(x))$;

(2) 设 $f(x)=\begin{cases}1, & |x|<1,\\ 0, & |x|=1, \\ -1, & |x|>1,\end{cases}$ $g(x)=e^x$, 求 $f(g(x))$ 和 $g(f(x))$.

9. 分别就 $a=2$, $a=\dfrac{1}{2}$, $a=-2$ 讨论 $y=\lg(a-\sin x)$ 是不是复合函数, 如果是, 求其定义域.

10. 设

$$f(x)=\begin{cases}1-x, & x\leqslant0,\\ x+2, & x>0,\end{cases}\quad g(x)=\begin{cases}x^2, & x<0,\\ -x, & x\geqslant0,\end{cases}$$

则 $f(g(x))=(\quad\quad)$.

11. 设 $f(x+2)=2^{x^2+4x}-x$, 求 $f(x-2)$.

1.2　数列极限

极限的概念和理论是高等数学的基础, 我们后面要学到的微分学和积分学都是在极限概念的基础上建立的.

我国古代数学家刘徽(公元3世纪)提出利用圆的内接正多边形来计算圆面积的方法——割圆术. 首先计算圆内接正六边形的面积 S_1; 再计算圆内接正十二边形的面积 S_2, 可以看出 S_2 要比 S_1 更接近圆的面积 S; 接下来计算圆内接正二十四边形的面积 S_3, S_3 要比 S_2 更接近圆的面积 S, 按此过程计算下去. 当算到圆内接正九十六边形的面积 S_5 时, 就能得到圆周率 π 的近似值 3.14. 按此思想, 圆内接正多边形的边数越多, 它的面积越接近圆的面积. 当边数无限增大时, 内接正多边形的面积无限接近于圆的面积. 这就是一个极限过程. 又如, 春秋战国时期的哲学家庄周所著的《庄子·天下篇》中载有这样一句话"一尺之棰, 日取其半, 万世不竭", 也蕴含着朴素的极限思想.

1.2.1　数列极限的 ε-N 语言

若函数 f 的定义域为全体正整数集合 $\mathbf{N}_+$, 则称函数

$$f(n), n\in\mathbf{N}_+$$

为数列. 因 $\mathbf{N}_+$ 中的元素可按从小到大的顺序排列, 故数列 $f(n)$ 也可写作

$$x_1,x_2,\cdots,x_n,\cdots$$

或者简记为 $\{x_n\}$, 其中 x_n 称为该数列的一般项或通项.

例如，

$$\left\{\frac{1}{n}\right\}, \quad 即 \ 1, \frac{1}{2}, \frac{1}{3}, \cdots, \frac{1}{n}, \cdots;$$

$$\left\{3+\frac{(-1)^n}{n}\right\}, \quad 即 \ 2, 3+\frac{1}{2}, 3-\frac{1}{3}, \cdots, 3+\frac{(-1)^n}{n}, \cdots;$$

$$\{n^2\}, \quad 即 \ 1, 4, 9, \cdots, n^2, \cdots;$$

$$\{(-1)^n\}, \quad 即 -1, 1, -1, 1, \cdots.$$

给定一个数列 $\{x_n\}$，我们关心的是在 n 无限增大的过程中通项 x_n 的变化趋势.

数列 $\left\{\dfrac{1}{n}\right\}$ 的通项每一项都大于零，且其通项随着 n 增大而减小，无限接近于 0. 我们说数列 $\left\{\dfrac{1}{n}\right\}$ 的极限是 0. 数列 $\left\{3+\dfrac{(-1)^n}{n}\right\}$ 的通项 $x_n=3+\dfrac{(-1)^n}{n}$ 与 3 之间的距离为 $\dfrac{1}{n}$，当 n 无限增大时，通项 x_n 与 3 之间的距离无限接近于 0，即 x_n 无限接近于 3. 我们把 3 称为这个数列的极限. 由于数列 $\{n^2\}$ 的通项 n 随着 n 的无限增大也无限增大，从而不能无限地接近任何一个数值，这时我们说数列 $\{n^2\}$ 没有极限. 至于 $\{(-1)^n\}$，它各项的值随着 n 的改变而在两个数值上跳跃，也不能无限地接近某一个固定的数，因此数列 $\{(-1)^n\}$ 也没有极限.

> **数列极限的通俗定义（不精确）：** 对于数列 $\{x_n\}$，如果当 n 无限增大时，数列的一般项 x_n 无限地接近于某一确定的数值 a，则称常数 a 是数列 $\{x_n\}$ 的极限，或称数列 $\{x_n\}$ 收敛于 a. 记为
> $$\lim_{n\to\infty} x_n = a \ 或 \ x_n \to a\,(n\to\infty).$$
> 否则，称数列 $\{x_n\}$ 没有极限，或称数列 $\{x_n\}$ 是发散的.

怎么刻画 x_n 无限地接近于 a 呢？为此我们在数轴上考察点 x_n 到点 a 的距离 $|x_n-a|$. 所谓 x_n 无限地接近于 a，就是指在 n 充分大时，$|x_n-a|$ 可以任意小. 以 $x_n=3+\dfrac{(-1)^n}{n}$ 为例，此时极限 $a=3$. 要使 $|x_n-3|<\dfrac{1}{10}$，只要 $n>10$ 即可. 要使 $|x_n-3|<\dfrac{1}{10^2}$，只要 $n>10^2$. 一般地，要使 $|x_n-3|<\dfrac{1}{10^k}$，只要 $n>10^k$. 这也就是说，对于任意小的正数 ε，总能找到一个正整数 N，使得当 $n>N$ 时，不等式 $|x_n-3|<\varepsilon$ 成立.

> **数列极限的精确定义(ε-N语言)**：设$\{x_n\}$为一数列，a为定值. 如果对任意给定的$\varepsilon>0$，总存在正整数N，使得当$n>N$时，有
>
> $$|x_n-a|<\varepsilon,$$
>
> 则称数列$\{x_n\}$收敛于a，或称定值a是数列$\{x_n\}$的极限，记为
>
> $$\lim_{n\to\infty}x_n=a \text{ 或 } x_n\to a\,(n\to\infty).$$

上述数列极限的ε-N语言可以简写为

$$\lim_{n\to\infty}x_n=a \Leftrightarrow \forall \varepsilon>0,\ \exists N\in\mathbf{N}_+,\ \text{当}\ n>N\ \text{时，有}\ |x_n-a|<\varepsilon.$$

其中，记号$\forall$表示"对任意的""对每一个". $\exists$表示"总存在".

如果数列$\{x_n\}$没有极限，就说数列$\{x_n\}$不收敛，或称$\{x_n\}$是发散数列.

注 数列$\{a_n\}$不收敛于a的ε-N语言：$\exists \varepsilon_0>0$，$\forall N\in\mathbf{N}_+$，$\exists n_0>N$，使得$|a_{n_0}-a|\geqslant\varepsilon_0$.

数列$\{a_n\}$发散的ε-N语言：$\forall a\in\mathbf{R}$，$\exists \varepsilon_0>0$，$\forall N\in\mathbf{N}_+$，$\exists n_0>N$，使得$|a_{n_0}-a|\geqslant\varepsilon_0$.

数列$\{(-1)^n\}$与$\{n^2\}$不收敛，正是由于它们不是所有的点都能聚集在某一个点的任意小邻域内. 从收敛数列的这一特性还可以看到：改变数列的有限项，不会改变数列的收敛性及其极限.

例1.2.1 证明$\lim\limits_{n\to\infty}\dfrac{(-1)^n}{n}=0$.

分析 $|x_n-0|=\left|\dfrac{(-1)^n}{n}-0\right|=\dfrac{1}{n}$. $\forall \varepsilon>0$，要使$|x_n-0|<\varepsilon$，

需要$\dfrac{1}{n}<\varepsilon$，即$n>\dfrac{1}{\varepsilon}$.

证 $\forall \varepsilon>0$，只要取$N=\left[\dfrac{1}{\varepsilon}\right]\in\mathbf{N}_+$，则当$n>N$时，便有

$$|x_n-0|=\left|\dfrac{(-1)^n}{n}-0\right|=\dfrac{1}{n}<\varepsilon.$$

这样就证明了$\lim\limits_{n\to\infty}\dfrac{(-1)^n}{n}=0$.

例1.2.2（等比数列的极限）   设$|q|<1$，证明$\lim\limits_{n\to\infty}q^{n-1}=0$.

分析 要使

$$|x_n-0|=|q^{n-1}-0|=|q|^{n-1}<\varepsilon,$$

只要$n>\log_{|q|}\varepsilon+1$，故可取$N=[\log_{|q|}\varepsilon+1]$.

证 对于任意给定的$\varepsilon>0$，只要取$N=[\log_{|q|}\varepsilon+1]$，则当$n>N$

时，就有

$$|q^{n-1}-0|=|q|^{n-1}<\varepsilon.$$

因此 $\lim\limits_{n\to\infty}|q|^{n-1}=0.$

例 1.2.3　证明 $\lim\limits_{n\to\infty}\dfrac{2n^2}{n^2-3}=2.$

分析　由于

$$\left|\frac{2n^2}{n^2-3}-2\right|=\frac{6}{n^2-3}\leqslant\frac{6}{n}\,(n\geqslant3),$$

因此，$\forall\varepsilon>0$，要使 $\left|\dfrac{2n^2}{n^2-3}-2\right|<\varepsilon$，只要使 $\dfrac{6}{n}<\varepsilon$，即 $n>\dfrac{6}{\varepsilon}.$

证　对任给的 $\varepsilon>0$，取 $N=\max\left\{3,\left[\dfrac{6}{\varepsilon}\right]+1\right\}$，则当 $n>N$ 时，就有

$$\left|\frac{2n^2}{n^2-3}-2\right|\leqslant\frac{6}{n}<\varepsilon,$$

这就证明了 $\lim\limits_{n\to\infty}\dfrac{2n^2}{n^2-3}=2.$

例 1.2.4　证明 $\lim\limits_{n\to\infty}\sqrt[n]{a}=1,\ a>0.$

证　当 $a=1$ 时，结论显然成立.

当 $a>1$ 时，$\sqrt[n]{a}>1.$ $\forall\varepsilon>0$，要使 $|\sqrt[n]{a}-1|=\sqrt[n]{a}-1<\varepsilon$ 成立，只要 $a^{\frac{1}{n}}<1+\varepsilon$，两边取以 a 为底的对数得

$$\frac{1}{n}<\log_a(1+\varepsilon),\ \ \text{即}\ n>\frac{1}{\log_a(1+\varepsilon)}.$$

于是，我们取 $N=\left[\dfrac{1}{\log_a(1+\varepsilon)}\right]+1$，$\forall n>N$ 都有

$$|\sqrt[n]{a}-1|<\varepsilon,$$

即 $\lim\limits_{n\to\infty}\sqrt[n]{a}=1,\ a>1.$

当 $0<a<1$ 时，同样有 $\lim\limits_{n\to\infty}\sqrt[n]{a}=1.$ 证明方法类似，留给读者.

1.2.2　收敛数列的性质

定理 1.2.1(唯一性)　如果数列 $\{x_n\}$ 收敛，那么它的极限唯一.

证　(反证法)假设同时有 $\lim\limits_{n\to\infty}x_n=a$ 及 $\lim\limits_{n\to\infty}x_n=b$，且 $a\neq b$，不妨设 $a<b$. 根据数列极限的定义，对于 $\varepsilon=\dfrac{b-a}{2}>0$，存在充分大的正整数 N，使得当 $n>N$ 时有

$$|x_n - a| < \varepsilon = \frac{b-a}{2}$$

及

$$|x_n - b| < \varepsilon = \frac{b-a}{2},$$

因此同时有

$$x_n < \frac{a+b}{2} \text{ 及 } x_n > \frac{a+b}{2},$$

这是不可能的. 所以假设不成立, 只能有 $a=b$.

> **数列的有界性:** 对于数列 $\{x_n\}$, 如果存在 $M>0$, 使得对一切正整数 n 都有
>
> $$x_n \leqslant M,$$
>
> 则称数列 $\{x_n\}$ 是有界的. 如果这样的正数 M 不存在, 就说数列 $\{x_n\}$ 是无界的.

例如, 数列 $\{(-1)^n\}$ 是有界的. 因为可取 $M=1$, 则对一切正整数 n 都有

$$|(-1)^n| \leqslant 1.$$

> **定理 1.2.2(有界性)**　如果数列 $\{x_n\}$ 收敛, 那么数列 $\{x_n\}$ 一定有界.

证　设 $x_n \to a (n \to \infty)$. 根据数列极限的定义, 对于 $\varepsilon = 1$, 存在正整数 N, 对一切 $n>N$ 有

$$|x_n - a| < \varepsilon = 1.$$

于是当 $n>N$ 时有

$$|x_n| = |x_n - a + a| \leqslant |x_n - a| + |a| < 1 + |a|.$$

记

$$M = \max\{1 + |a|, |x_1|, |x_2|, \cdots, |x_N|\},$$

则对一切正整数 n 都有

$$|x_n| \leqslant M.$$

这就证明了数列 $\{x_n\}$ 是有界的.

注 1　若数列 $\{x_n\}$ 无界, 则 $\{x_n\}$ 必发散. 这是定理 1.2.2 的逆否命题.

注 2　有界数列不一定有极限. 例如, 数列 $\{(-1)^n\}$ 是有界的, 但无极限.

> **定理 1.2.3(保号性)**　如果 $\lim\limits_{n \to \infty} x_n = a$, 且 $a>0$(或 $a<0$), 那么存在正整数 N, 使得当 $n>N$ 时有 $x_n>0$(或 $x_n<0$).

证 设 $a>0$，由数列极限的定义，对于 $\varepsilon=\dfrac{a}{2}>0$，存在正整数

N，使得当 $n>N$ 时有

$$|x_n-a|<\dfrac{a}{2},$$

从而

$$x_n>a-\dfrac{a}{2}=\dfrac{a}{2}>0.$$

$a<0$ 的情形可类似证明．

接下来我们给出一个数列极限的存在准则．

定理 1.2.4(夹挤原理) 如果数列 $\{x_n\}$，$\{y_n\}$ 及 $\{z_n\}$ 满足下列条件：

(1) $\exists\, n_0\in N$，当 $n>n_0$ 时，有 $y_n\leqslant x_n\leqslant z_n$；

(2) $\lim\limits_{n\to\infty}y_n=a$，$\lim\limits_{n\to\infty}z_n=a$，

那么数列 $\{x_n\}$ 的极限存在，且 $\lim\limits_{n\to\infty}x_n=a$．

例 1.2.5 求极限 $\lim\limits_{n\to\infty}\sin\dfrac{\pi}{n}$．

解 由于当 $x>0$ 时有不等式 $\sin x<x$．且 $\forall n$，$\sin\dfrac{\pi}{n}\geqslant 0$．于是有

$$0\leqslant\sin\dfrac{\pi}{n}<\dfrac{\pi}{n}.$$

并且 $\lim\limits_{n\to\infty}\dfrac{\pi}{n}=0$．由夹挤原理可知 $\lim\limits_{n\to\infty}\sin\dfrac{\pi}{n}=0$．

1.2.3 数列极限的运算法则

定理 1.2.5(四则运算法则) 设有数列 $\{x_n\}$ 和 $\{y_n\}$．如果

$$\lim\limits_{n\to\infty}x_n=A,\quad\lim\limits_{n\to\infty}y_n=B,$$

那么 $\{x_n\pm y_n\}$，$\{x_n\cdot y_n\}$ 也都是收敛数列，且有

$$\lim\limits_{n\to\infty}(x_n\pm y_n)=\lim\limits_{n\to\infty}x_n\pm\lim\limits_{n\to\infty}y_n=A\pm B;$$

$$\lim\limits_{n\to\infty}(x_n\cdot y_n)=\lim\limits_{n\to\infty}x_n\cdot\lim\limits_{n\to\infty}y_n=A\cdot B;$$

当 $y_n\neq 0(n=1,2,\cdots)$ 且 $B\neq 0$ 时，数列 $\left\{\dfrac{x_n}{y_n}\right\}$ 也是收敛数列，并

且有

$$\lim\limits_{n\to\infty}\dfrac{x_n}{y_n}=\dfrac{\lim\limits_{n\to\infty}x_n}{\lim\limits_{n\to\infty}y_n}=\dfrac{A}{B}.$$

例 1. 2. 6   求极限 $\lim\limits_{n \to \infty} \dfrac{n^2-1}{2n^2-n+1}$.

解   可以看出该分式中的分子和分母均没有极限，因此不能直接运用定理 1.2.5，但用 n^2 同除分子、分母后，就可以应用定理 1.2.5 来计算：

$$\lim_{n\to\infty}\frac{n^2-1}{2n^2-n+1}=\lim_{n\to\infty}\frac{1-\dfrac{1}{n^2}}{2-\dfrac{1}{n}+\dfrac{1}{n^2}}=\frac{1-\lim\limits_{n\to\infty}\dfrac{1}{n^2}}{\lim\limits_{n\to\infty}\left(2-\dfrac{1}{n}+\dfrac{1}{n^2}\right)}=\frac{1}{2}.$$

例 1. 2. 7   求极限 $\lim\limits_{n \to \infty} \dfrac{2^n}{2^n+1}$.

解   注意到数列 $\{2^n\}$ 发散，因此分子、分母的极限均不存在. 但数列 $\left\{\dfrac{1}{2^n}\right\}$ 是公比为 $\dfrac{1}{2}$ 的等比数列，收敛到 0. 于是用 2^n 同除分子、分母后，得到

$$\lim_{n\to\infty}\frac{2^n}{2^n+1}=\lim_{n\to\infty}\frac{1}{1+\dfrac{1}{2^n}}=\frac{1}{1+0}=1.$$

例 1. 2. 8   求极限 $\lim\limits_{n \to \infty}\left(\sqrt{n^2+1}-n\right)$.

解   因为 $\sqrt{n^2+1}$ 及 n 的极限均不存在，不能直接运用极限的四则运算. 我们可以做如下变形：

$$\sqrt{n^2+n}-n=\frac{n}{\sqrt{n^2+n}+n}=\frac{1}{\sqrt{1+\dfrac{1}{n}}+1}.$$

由当 $n\to\infty$ 时，$1+\dfrac{1}{n}\to 1$ 得

$$\lim_{n\to\infty}\left(\sqrt{n^2+1}-n\right)=\lim_{n\to\infty}\frac{1}{\sqrt{1+\dfrac{1}{n}}+1}=\frac{1}{2}.$$

习题 1. 2

1. 观察如下数列 $\{x_n\}$ 的变化趋势，写出它们的极限.

(1) $x_n=\dfrac{1}{2^n}$;

(2) $x_n=(-1)^n\dfrac{1}{n^2}$;

(3) $x_n=2+\dfrac{1}{n^2}$;

(4) $x_n=\dfrac{n-1}{n+1}$;

(5) $x_n=n(-1)^n$.

2. 用数列极限的定义验证下列各项.

(1) $\lim\limits_{n\to\infty}\dfrac{n-1}{2n+1}=\dfrac{1}{2}$;

(2) $\lim\limits_{n\to\infty}\left(\sqrt{n+1}-\sqrt{n}\right)=0$;

(3) $\lim\limits_{n\to\infty}\dfrac{\sqrt{n^2+1}}{n}=1$;　　(4) $\lim\limits_{n\to\infty}\dfrac{n^2-2}{n^2+n+1}=1$.

3. 求下列极限.

(1) $\lim\limits_{n\to\infty}\left[\dfrac{1}{1\cdot 2}+\dfrac{1}{2\cdot 3}+\cdots+\dfrac{1}{n(n+1)}\right]$;

(2) $\lim\limits_{n\to\infty}(\sqrt{2}\ \sqrt[4]{2}\ \sqrt[8]{2}\cdots\sqrt[2^n]{2})$;

(3) $\lim\limits_{n\to\infty}\left(\dfrac{1}{2}+\dfrac{3}{2^2}+\cdots+\dfrac{2n-1}{2^n}\right)$;

(4) $\lim\limits_{n\to\infty}\sqrt[n]{1-\dfrac{1}{n}}$;

(5) $\lim\limits_{n\to\infty}\left[\dfrac{1}{n^2}+\dfrac{1}{(n+1)^2}+\cdots+\dfrac{1}{(2n)^2}\right]$;

(6) $\lim\limits_{n\to\infty}\left(\dfrac{1}{\sqrt{n^2+1}}+\dfrac{1}{\sqrt{n^2+2}}+\cdots+\dfrac{1}{\sqrt{n^2+n}}\right)$.

1.3　函数的极限

1.3.1　函数极限的定义

因为数列可以看作自变量为 n 的函数:
$$x_n=f(n),$$
于是数列 $\{x_n\}$ 以 a 为极限就是当自变量 n 取正整数且无限增大, 即 $n\to\infty$ 时, 它的函数值 $f(n)$ 无限接近于数值 a. 由此可以抽象出函数极限的通俗定义, 即在自变量 x 的某个变化过程中, 如果对应的函数值 $f(x)$ 无限接近于某一个确定的数值 A, 那么数值 A 就称为 x 在此变化过程中函数 $f(x)$ 的极限. 显然自变量 x 的变化过程不同, 函数极限的表现形式也会不同. 本节将以如下两种情况分别讨论函数极限的精确定义:

(1) 自变量趋于有限值时函数的极限;

(2) 自变量趋于无穷大时函数的极限.

1. 自变量趋于有限值时函数的极限

首先考虑自变量 x 趋于有限值 x_0, 即 $x\to x_0$ 时, 函数的变化趋势. 在 $x\to x_0$ 的过程中, $f(x)$ 无限接近于 A, 就是 $|f(x)-A|$ 可以任意小, 与数列极限的概念类似, 我们可以用 $|f(x)-A|<\varepsilon$ 来刻画 $|f(x)-A|$ 可以任意小, 这里 ε 是任意给定的正数. 又由于 $f(x)$ 无限接近于 A 是在 $x\to x_0$ 的过程中实现的, 所以对任给的 $\varepsilon>0$, 只要 x 充分接近 x_0, 就有 $|f(x)-A|<\varepsilon$. 从而有以下函数极限的精确定义.

> **定义 1.3.1**　设函数 $f(x)$ 在某 $\mathring{U}(x_0)^{\ominus}$ 内有定义, A 为常数. 如果对任给的 $\varepsilon>0$, 总存在正数 δ, 使得当 $0<|x-x_0|<\delta$ 时, 有

$\ominus$　以 x_0 为中心的对称区间称为点 x_0 的邻域, 记为 $U(x_0)$; 将邻域 $U(x_0)$ 的中心 x_0 去掉后的集合, 称为点 x_0 的去心邻域, 记为 $\mathring{U}(x_0)$.

$$f(x)-A<\varepsilon,$$

那么称 $f(x)$ 当 $x\to x_0$ 时以 A 为极限，常数 A 就叫作函数 $f(x)$ 当 $x\to x_0$ 时的极限，记为

$$\lim_{x\to x_0}f(x)=A \text{ 或 } f(x)\to A(x\to x_0).$$

上述定义称为函数极限的 $\varepsilon\text{-}\delta$ 语言，可简写为

$$\lim_{x\to x_0}f(x)=A\Leftrightarrow \forall\varepsilon>0, \exists\delta>0, \text{当} 0<|x-x_0|<\delta \text{时}, |f(x)-A|<\varepsilon.$$

注 1 $f(x)$ 在点 x_0 有无极限与 $f(x)$ 在点 x_0 有无定义没有关系.

注 2 $x\to x_0$ 是指 x 沿数轴以各种方式趋于 x_0(从左、从右、左右同时).

例 1.3.1   证明 $\lim\limits_{x\to x_0}c=c$.

证 因为 $\forall\varepsilon>0$，可任取 $\delta>0$，当 $0<|x-x_0|<\delta$ 时，有

$$|f(x)-A|=|c-c|=0<\varepsilon,$$

所以 $\lim\limits_{x\to x_0}c=c$.

例 1.3.2   证明 $\lim\limits_{x\to x_0}x=x_0$.

分析 $|f(x)-A|=|x-x_0|$. 因此 $\forall\varepsilon>0$，要使 $|f(x)-A|<\varepsilon$，只要 $|x-x_0|<\varepsilon$.

证 因为 $\forall\varepsilon>0$，可取 $\delta=\varepsilon$，当 $0<|x-x_0|<\delta$ 时有

$$|f(x)-A|=|x-x_0|<\varepsilon,$$

所以 $\lim\limits_{x\to x_0}x=x_0$.

例 1.3.3   证明 $\lim\limits_{x\to 1}\dfrac{x^2-1}{2x^2-x-1}=\dfrac{2}{3}$.

证 当 $x\neq 1$ 时，$\dfrac{x^2-1}{2x^2-x-1}=\dfrac{(x+1)(x-1)}{(2x+1)(x-1)}=\dfrac{x+1}{2x+1}$，若限制 x 于 $0<|x-1|<1$，即 $x\neq 1, 0<x<2$，则有

$$\left|\frac{x^2-1}{2x^2-x-1}-\frac{2}{3}\right|=\left|\frac{x+1}{2x+1}-\frac{2}{3}\right|=\left|\frac{1-x}{3(2x+1)}\right|<\frac{|x-1|}{3},$$

于是，对任给的 $\varepsilon>0$，只要取 $\delta=\min\{3\varepsilon,1\}$，当 $0<|x-1|<\delta$ 时，则有 $\left|\dfrac{x^2-1}{2x^2-x-1}-\dfrac{2}{3}\right|<\dfrac{|x-1|}{3}<\varepsilon$.

例 1.3.4   证明 $\lim\limits_{x\to x_0}\sqrt{x}=\sqrt{x_0}$，$x_0>0$.

证 由于

$$|\sqrt{x}-\sqrt{x_0}|=\left|\frac{x-x_0}{\sqrt{x}+\sqrt{x_0}}\right|\leqslant\frac{|x-x_0|}{\sqrt{x_0}},$$

因此，对任给的正数 ε，取 $\delta=\sqrt{x_0}\,\varepsilon$，则当 $0<|x-x_0|<\delta$ 时，就有

$$|\sqrt{x}-\sqrt{x_0}|\le\frac{|x-x_0|}{\sqrt{x_0}}<\varepsilon$$

即 $\lim\limits_{x\to x_0}\sqrt{x}=\sqrt{x_0}$.

函数在一点处极限不存在的例子：

例 1.3.5 设函数 $f(x)=\sin\dfrac{1}{x}$，在 $x\to 0$ 时，它的极限不存在，因为当 x 趋于 0 时，函数 $f(x)$ 无限次在 -1 与 1 之间振荡，而不能趋于某一确定函数.

例 1.3.6 函数 $f(x)=\dfrac{1}{x^2}$，当 x 趋于零时，其对应的函数值无限地增大也不能趋于某一确定的数.

同样，关于符号函数，如果只看它在 $x=0$ 的某一侧的变化趋势，它显然是确定的，但它在两侧的变化趋势却是不同的.

2. 单侧极限

有些函数在其定义域上某些点的左侧与右侧所用的表示其对应法则的解析式不同（如分段函数中某些点），或函数仅在其一侧有定义（如在其定义区间端点上），这时函数在这些点上的极限问题只能单侧地加以讨论.

例如，函数

$$f(x)=\begin{cases}x^2,&x\ge 0,\\x,&x<0.\end{cases}$$

当 x 大于 0 而趋于 0 时，按 x^2 考察它的函数值的变化趋势. 当 x 小于 0 而趋于 0 时，则按 x 考察它的变化趋势.

又如，函数 $f(x)=\sqrt{1-x^2}$ 在其定义区间 $[-1,1]$ 的端点 $x=\pm 1$ 处的极限，也只能考察大于 -1 而趋于 -1 的情形与小于 1 而趋于 1 的情形.

引入记号：$x\to x_0^-$ 表示 x 仅从 x_0 左侧趋于 x_0；$x\to x_0^+$ 表示 x 仅从 x_0 右侧趋于 x_0.

若当 $x\to x_0^-$ 时，$f(x)$ 无限接近于某常数 A，则常数 A 叫作函数 $f(x)$ 当 $x\to x_0$ 时的左极限，记为 $\lim\limits_{x\to x_0^-}f(x)=A$ 或 $f(x_0^-)=A$；

若当 $x\to x_0^+$ 时，$f(x)$ 无限接近于某常数 A，则常数 A 叫作函数 $f(x)$ 当 $x\to x_0$ 时的右极限，记为 $\lim\limits_{x\to x_0^+}f(x)=A$ 或 $f(x_0^+)=A$.

左、右极限更为精确的定义由下面的 $\varepsilon\text{-}\delta$ 语言来描述：

$$\lim\limits_{x\to x_0^-}f(x)=A\Leftrightarrow\forall\varepsilon>0,\ \exists\delta>0,\ \forall x:x_0-\delta<x<x_0,\ \text{有}\ |f(x)-A|<\varepsilon.$$

$$\lim_{x\to x_0^+}f(x)=A\Leftrightarrow\forall\varepsilon>0,\ \exists\delta>0,\ \forall x:x_0<x<x_0+\delta,\ \text{有}\ |f(x)-A|<\varepsilon.$$

左右极限统称为单侧极限. 根据 $x\to x_0$ 时极限及单侧极限的定义，可以证明：

定理 1.3.1　$f(x)$ 当 $x\to x_0$ 时极限存在等价于其左右极限都存在并且相等. 即

$$\lim_{x\to x_0}f(x)=A\Leftrightarrow\lim_{x\to x_0^-}f(x)=A\ \text{且}\lim_{x\to x_0^+}f(x)=A.$$

例如，符号函数 $f(x)=\mathrm{sgn}x$ 在 $x=0$ 处的左右极限为

$$f(0+0)=\lim_{x\to0^+}\mathrm{sgn}x=1;$$
$$f(0-0)=\lim_{x\to0^-}\mathrm{sgn}x=-1.$$

因此符号函数 $f(x)=\mathrm{sgn}x$ 在 $x=0$ 处的极限不存在.

例 1.3.7　设函数

$$f(x)=\begin{cases}x-1,&x<0,\\0,&x=0,\\x+1,&x>0,\end{cases}$$

证明当 $x\to0$ 时，$f(x)$ 的极限不存在.

证
$$\lim_{x\to0^-}f(x)=\lim_{x\to0^-}(x-1)=-1,$$
$$\lim_{x\to0^+}f(x)=\lim_{x\to0^+}(x+1)=1,$$

这样

$$\lim_{x\to0^-}f(x)\neq\lim_{x\to0^+}f(x),$$

根据左右极限与极限存在之间的关系，$f(x)$ 的极限不存在.

例 1.3.8　证明函数 $f(x)=\sqrt{1-x^2}$ 在定义区间端点 ±1 处的极限：

（1）$\lim\limits_{x\to1^-}\sqrt{1-x^2}=0$；（2）$\lim\limits_{x\to(-1)^+}\sqrt{1-x^2}=0$.

证　（1）由于 $|x|\leqslant1$，故有

$$1-x^2=(1-x)(1+x)\leqslant2(1-x),$$

如果 $2(1-x)<\varepsilon^2$，就有

$$\sqrt{1-x^2}<\varepsilon,$$

于是取 $\delta=\dfrac{\varepsilon^2}{2}$，当 $0<1-x<\delta$ 时，就有 $\sqrt{1-x^2}<\varepsilon$ 成立，故得证.

（2）只需在 $1-x^2=(1-x)(1+x)$ 上保留 $1+x$ 这一项，对 $1-x$ 做估计即可. 因为 $x\to(-1)^+$，只需在 $-1<x<0$ 上讨论，故有

$$1-x^2=(1-x)(1+x)<(1-(-1))(1+x)=2(1+x),$$

余下步骤与（1）相仿.

在有些情况下，我们也可以利用函数在某一点处的左右极限来讨论该点极限的存在性. 例如：

例 1.3.9 求函数 $f(x) = \dfrac{x}{x}$，$\varphi(x) = \dfrac{|x|}{x}$ 在 $x \to 0$ 时的左右极限，并说明它们在 $x \to 0$ 时的极限是否存在.

解
$$\lim_{x \to 0^-} f(x) = \lim_{x \to 0^-} \frac{x}{x} = \lim_{x \to 0^-} 1 = 1,$$

$$\lim_{x \to 0^+} f(x) = \lim_{x \to 0^+} \frac{x}{x} = \lim_{x \to 0^+} 1 = 1,$$

$$\lim_{x \to 0} f(x) = 1.$$

$$\lim_{x \to 0^-} \varphi(x) = \lim_{x \to 0^-} \frac{|x|}{x} = \lim_{x \to 0^-} (-1) = -1,$$

$$\lim_{x \to 0^+} \varphi(x) = \lim_{x \to 0^+} \frac{|x|}{x} = \lim_{x \to 0^+} 1 = 1,$$

因为
$$\lim_{x \to 0^-} \varphi(x) \neq \lim_{x \to 0^+} \varphi(x),$$

所以 $\lim\limits_{x \to 0} \varphi(x)$ 不存在.

例 1.3.10 设 $f(x) = \begin{cases} x \sin \dfrac{1}{x}, & -\infty < x < 0, \\[2mm] \sin \dfrac{1}{x}, & 0 < x < \infty, \end{cases}$ 求它在 $x = 0$ 处的左极限，并判断它在 $x = 0$ 处的右极限是否存在.

解
$$\lim_{x \to 0^-} f(x) = \lim_{x \to 0^-} x \sin \frac{1}{x},$$

因为
$$\left| \sin \frac{1}{x} \right| \leq 1, \quad \lim_{x \to 0^-} x = 0,$$

所以
$$\lim_{x \to 0^-} f(x) = 0.$$

右极限不存在，因为若存在右极限 A，$|A| \leq 1$，故对某 $1 > \varepsilon_0 > 0$，$\exists \delta_0 > 0$，使得只要 $0 < x < \delta_0$，必有 $\left| \sin \dfrac{1}{x} - A \right| < \varepsilon_0$，然而 $\sin \dfrac{1}{x}$ 是振幅为 1 的振荡函数，对于 ε_0，不妨设 $0 \leq A \leq 1$，则必存在 $0 < x_0 < \delta_0$，使得 $\sin \dfrac{1}{x_0} = -1$，则 $\left| \sin \dfrac{1}{x_0} - A \right| > 1 \geq \varepsilon_0$，因而在 $x = 0$ 处无右极限.

总结 对于上述两个题，类似这样的函数在分界点处的极限存在，可由左右极限准则来判断：$\lim\limits_{x \to x_0} f(x)$ 存在 $\Leftrightarrow f(x)$ 在点 x_0 的左右极限都存在且相等；若左、右极限不相等或其中之一不存在，则 $f(x)$ 在点 x_0 处的极限就不存在.

例 1.3.11 若

$$f(x) = \begin{cases} \dfrac{1-\cos x}{x^2}, & x<0, \\ 5, & x=0, \\ \cos^2 x, & x>0, \end{cases}$$

求 $\lim\limits_{x\to 0} f(x)$.

分析 在 $x=0$ 处使用左右极限的定义.

解
$$\lim_{x\to 0^+} f(x) = \lim_{x\to 0^+} \cos^2 x = 1,$$

$$\lim_{x\to 0^-} f(x) = \lim_{x\to 0^-} \frac{1-\cos x}{x^2} = \lim_{x\to 0^-} \frac{\frac{1}{2}x^2}{x^2} = \frac{1}{2},$$

所以 $\lim\limits_{x\to 0} f(x)$ 不存在.

3. 自变量趋于无穷大时函数的极限

例如，$f(x) = \dfrac{1}{x}$，当 x 无限增大时，它所对应的函数值 $f(x)$ 无限地接近于定数 0.

又如，$\varphi(x) = \arctan x$，当 x 无限增大时，它所对应的函数值 $\varphi(x)$ 无限接近于定数 $\dfrac{\pi}{2}$.

我们称上述情形为有极限，它的精确定义如下.

定义 1.3.2 设 $f(x)$ 当 $|x|$ 大于某一正数时有定义，A 是常数. 如果对任给的 $\varepsilon>0$，总存在着 $M>0$，使得当 $|x|>M$ 时，有
$$|f(x)-A| < \varepsilon,$$
则常数 A 叫作函数 $f(x)$ 当 $x\to\infty$ 时的极限，记作
$$\lim_{x\to\infty} f(x) = A \text{ 或 } f(x)\to A(x\to\infty).$$

几何意义：当 $|x|>M$ 时，$f(x)$ 的图像落在了 $y=A+\varepsilon$ 与 $y=A-\varepsilon$ 之间. 如图 1.3.1 所示.

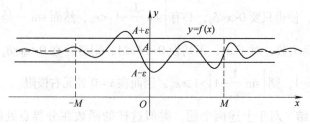

图 1.3.1

类似于 $\lim\limits_{x\to\infty} f(x) = A$ 的定义，读者可以写出 $\lim\limits_{x\to -\infty} f(x) = A$ 和 $\lim\limits_{x\to +\infty} f(x) = A$ 的定义.

例 1.3.12　证明 $\lim\limits_{x\to\infty}\dfrac{1}{x}=0$.

分析　$|f(x)-A|=\left|\dfrac{1}{x}-0\right|=\dfrac{1}{|x|}$. $\forall\varepsilon>0$，要使 $|f(x)-A|<\varepsilon$，只要 $|x|>\dfrac{1}{\varepsilon}$.

证　$\forall\varepsilon>0$，取 $M=\dfrac{1}{\varepsilon}>0$，则当 $|x|>M$ 时有

$$|f(x)-A|=\left|\dfrac{1}{x}-0\right|=\dfrac{1}{|x|}<\varepsilon,$$

所以 $\lim\limits_{x\to\infty}\dfrac{1}{x}=0$.

直线 $y=0$ 是函数 $y=\dfrac{1}{x}$ 的水平渐近线.

一般地，如果 $\lim\limits_{x\to\infty}f(x)=c$，则直线 $y=c$ 称为函数 $y=f(x)$ 图形的水平渐近线.

例 1.3.13　证明：（1）$\lim\limits_{x\to-\infty}\arctan x=-\dfrac{\pi}{2}$，（2）$\lim\limits_{x\to+\infty}\arctan x=\dfrac{\pi}{2}$.

证　（1）为了使

$$\left|\arctan x-\left(-\dfrac{\pi}{2}\right)\right|=\left|\arctan x+\dfrac{\pi}{2}\right|<\varepsilon,$$

即 $-\varepsilon-\dfrac{\pi}{2}<\arctan x<\varepsilon-\dfrac{\pi}{2}$，$\left(\text{不妨取 }\varepsilon<\dfrac{\pi}{2}\right)$：那么 x 的变化范围可从不等式的右半部分解出

$$x<\tan\left(\varepsilon-\dfrac{\pi}{2}\right)=-\tan\left(\dfrac{\pi}{2}-\varepsilon\right),$$

故对任给的 $\varepsilon\left(<\dfrac{\pi}{2}\right)$，只需取 $M=\tan\left(\dfrac{\pi}{2}-\varepsilon\right)$，当 $x<-M$ 时成立.

（2）的证明与（1）类似.

1.3.2　函数极限的性质

下面仅以 $\lim\limits_{x\to x_0}f(x)$ 这种形式为代表给出函数极限的性质，其他形式的极限性质做相应修改即可.

定理 1.3.2（唯一性）　如果极限 $\lim\limits_{x\to x_0}f(x)$ 存在，那么此极限值唯一.

定理 1.3.3（局部有界性）　如果 $\lim\limits_{x\to x_0}f(x)$ 存在，那么存在 $M>0$ 和 $\delta>0$，使得当 $0<|x-x_0|<\delta$ 时，有 $|f(x)|\leqslant M$.

定理 1.3.4(局部保号性)   如果 $\lim\limits_{x \to x_0} f(x) = A > 0$(或 $A < 0$),那么存在 $\delta > 0$,使得当 $0 < |x - x_0| < \delta$ 时,有 $f(x) > 0$(或 $f(x) < 0$).

推论   如果在某 $\mathring{U}(x_0)$ 内 $f(x) \geq 0$(或 $f(x) \leq 0$),而且 $\lim\limits_{x \to x_0} f(x) = A$,那么 $A \geq 0$(或 $A \leq 0$).

1.3.3 函数极限的运算法则

定理 1.3.5(四则运算法则)   若极限 $\lim\limits_{x \to x_0} f(x)$ 与 $\lim\limits_{x \to x_0} g(x)$ 都存在,则函数 $f \pm g$,$f \cdot g$ 当 $x \to x_0$ 时极限也存在,且

$$\lim_{x \to x_0} [f(x) \pm g(x)] = \lim_{x \to x_0} f(x) \pm \lim_{x \to x_0} g(x);$$

$$\lim_{x \to x_0} [f(x) \cdot g(x)] = \lim_{x \to x_0} f(x) \cdot \lim_{x \to x_0} g(x);$$

又若 $\lim\limits_{x \to x_0} g(x) \neq 0$,则 $\dfrac{f}{g}$ 当 $x \to x_0$ 时极限也存在,且

$$\lim_{x \to x_0} \frac{f(x)}{g(x)} = \frac{\lim\limits_{x \to x_0} f(x)}{\lim\limits_{x \to x_0} g(x)}.$$

推论 1   如果 $\lim\limits_{x \to x_0} f(x)$ 存在,而 C 为常数,则

$$\lim_{x \to x_0} [Cf(x)] = C \lim_{x \to x_0} f(x).$$

推论 2   如果 $\lim\limits_{x \to x_0} f(x)$ 存在,而 n 是正整数,则

$$\lim_{x \to x_0} [f(x)]^n = [\lim_{x \to x_0} f(x)]^n.$$

例 1.3.14   求 $\lim\limits_{x \to 1} (2020x - 1)$.

解 $\lim\limits_{x \to 1} (2020x - 1) = \lim\limits_{x \to 1} 2020x - \lim\limits_{x \to 1} 1 = 2020 \lim\limits_{x \to 1} x - 1 = 2020 \times 1 - 1$
$= 2019$.

一般地,设多项式若 $P(x) = a_0 x^n + a_1 x^{n-1} + \cdots + a_{n-1} x + a_n$,

则 $\lim\limits_{x \to x_0} P(x) = \lim\limits_{x \to x_0} (a_0 x^n) + \lim\limits_{x \to x_0} (a_1 x^{n-1}) + \cdots + \lim\limits_{x \to x_0} (a_{n-1} x) + \lim\limits_{x \to x_0} a_n$

$\qquad = a_0 \lim\limits_{x \to x_0} (x^n) + a_1 \lim\limits_{x \to x_0} (x^{n-1}) + \cdots + a_{n-1} \lim\limits_{x \to x_0} x + \lim\limits_{x \to x_0} a_n$

$\qquad = a_0 \left(\lim\limits_{x \to x_0} x\right)^n + a_1 \left(\lim\limits_{x \to x_0} x\right)^{n-1} + \cdots + a_{n-1} x_0 + a_n$

$\qquad = a_0 x_0^n + a_1 x_0^{n-1} + \cdots + a_{n-1} x_0 + a_n$

$\qquad = P(x_0).$

因此，$\lim\limits_{x \to x_0} P(x) = P(x_0)$.

例 1.3.15 求 $\lim\limits_{x \to 2} \dfrac{x^2-1}{x^2-5x+1}$.

解
$$\lim_{x \to 2} \frac{x^2-1}{x^2-5x+1} = \frac{\lim\limits_{x \to 2}(x^2-1)}{\lim\limits_{x \to 2}(x^2-5x+1)}$$

$$= \frac{\lim\limits_{x \to 2} x^2 - \lim\limits_{x \to 2} 1}{\lim\limits_{x \to 2} x^2 - 5 \lim\limits_{x \to 2} x + \lim\limits_{x \to 2} 1}$$

$$= \frac{\left(\lim\limits_{x \to 2} x\right)^2 - 1}{\left(\lim\limits_{x \to 2} x\right)^2 - 5 \times 2 + 1}$$

$$= \frac{2^2-1}{2^2-10+1} = -\frac{3}{5}.$$

例 1.3.16 求 $\lim\limits_{x \to 2} \dfrac{x-2}{x^2-4}$.

解
$$\lim_{x \to 2} \frac{x-2}{x^2-4} = \lim_{x \to 2} \frac{x-2}{(x-2)(x+2)}$$

$$= \lim_{x \to 2} \frac{1}{x+2}$$

$$= \frac{\lim\limits_{x \to 2} 1}{\lim\limits_{x \to 2}(x+2)} = \frac{1}{4}.$$

对于有理分式函数

$$f(x) = \frac{P(x)}{Q(x)}$$

式中，$P(x)$，$Q(x)$ 均为多项式，则

当 $Q(x_0) \neq 0$ 时，$\lim\limits_{x \to x_0} \dfrac{P(x)}{Q(x)} = \dfrac{P(x_0)}{Q(x_0)}$.

当 $Q(x_0) = 0$ 且 $P(x_0) \neq 0$ 时，$\lim\limits_{x \to x_0} \dfrac{P(x)}{Q(x)} = \infty$.

当 $Q(x_0) = P(x_0) = 0$ 时，可先将分子分母的公因式 $x-x_0$ 约去，然后再求极限.

例 1.3.17 求 $\lim\limits_{x \to \infty} \dfrac{2019x^{2018}+2017x+2016}{x^{2018}-2018x^{2017}+2017}$.

解 先用 x^{2018} 去除分子及分母，然后取极限，则得

$$\lim_{x \to \infty} \frac{2019x^{2018}+2017x+2016}{x^{2018}-2018x^{2017}+2017} = \lim_{x \to \infty} \frac{2019+\dfrac{2017}{x^{2017}}+\dfrac{2016}{x^{2018}}}{1-\dfrac{2018}{x}+\dfrac{2017}{x^{2018}}} = 2019.$$

例 1.3.18　求 $\lim\limits_{x\to\infty}\dfrac{x+1}{x^2+2}$.

解　先用 x^2 去除分子及分母，然后取极限，则得

$$\lim_{x\to\infty}\frac{x+1}{x^2+2}=\lim_{x\to\infty}\frac{\dfrac{1}{x}+\dfrac{1}{x^2}}{1+\dfrac{2}{x^2}}=\frac{0}{1}=0.$$

例 1.3.19　求 $\lim\limits_{x\to\infty}\dfrac{x^2+2017x+2016}{x+1}$.

解　$\lim\limits_{x\to\infty}\dfrac{x^2+2017x+2016}{x+1}=\lim\limits_{x\to\infty}\dfrac{1+\dfrac{2017}{x}+\dfrac{2016}{x^2}}{\dfrac{1}{x}+\dfrac{1}{x^2}}=\infty$.

事实上，当 $x\to\infty$ 时，

$$※\lim_{x\to\infty}\frac{a_0x^n+a_1x^{n-1}+\cdots+a_n}{b_0x^m+b_1x^{m-1}+\cdots+b_m}=\begin{cases}0, & n<m,\\[2mm]\dfrac{a_0}{b_0}, & n=m,\\[4mm]\infty, & n>m.\end{cases}$$

定理 1.3.6(复合函数的极限运算法则)　设函数 $y=f(g(x))$ 是由函数 $u=g(x)$ 与函数 $y=f(u)$ 复合而成的，$f(g(x))$ 在点 x_0 的某一去心邻域内有定义. 若

$$\lim_{x\to x_0}g(x)=u_0,\qquad \lim_{u\to u_0}f(u)=A,$$

且存在 $\delta_0>0$，当 $x\in\mathring{U}(x_0,\delta_0)$ 时有 $g(x)\neq u_0$，则

$$\lim_{x\to x_0}f(g(x))=\lim_{u\to u_0}f(u)=A.$$

例 1.3.20　求 $\lim\limits_{x\to3}\sqrt{\dfrac{x^2-9}{x-3}}$.

解　$y=\sqrt{\dfrac{x^2-9}{x-3}}$ 是由 $y=\sqrt{u}$ 与 $u=\dfrac{x^2-9}{x-3}$ 复合而成的.

因为 $\lim\limits_{x\to3}\dfrac{x^2-9}{x-3}=6$，所以 $\lim\limits_{x\to3}\sqrt{\dfrac{x^2-9}{x-3}}=\lim\limits_{u\to6}\sqrt{u}=\sqrt{6}$.

习题 1.3

1. 根据函数极限的定义证明：
   (1) $\lim\limits_{x\to3}(3x-1)=8$;　　(2) $\lim\limits_{x\to2}(5x+2)=12$.
2. 根据函数极限的定义证明：

    (1) $\lim\limits_{x\to\infty}\dfrac{1+x^3}{2x^3}=\dfrac{1}{2}$;　　　(2) $\lim\limits_{x\to+\infty}\dfrac{\sin x}{\sqrt{x}}=0$.

3. 设

$$f(x)=\begin{cases}e^x, & 0\leqslant x,\\ x^2+1, & 0<x<1,\\ 2x+1, & x\geqslant 1.\end{cases}$$

求 $\lim\limits_{x\to 0}f(x)$，$\lim\limits_{x\to 1}f(x)$，$\lim\limits_{x\to 2}f(x)$.

4. 求极限 $\lim\limits_{x\to 1}\dfrac{\sqrt[m]{x}-1}{\sqrt[n]{x}-1}$，其中 m，$n\in\mathbf{N}_+$.

5. 证明 $\lim\limits_{x\to\infty}\dfrac{e^x-e^{-x}}{e^x+e^{-x}}$ 不存在.

1.4　两个重要极限

判定极限存在有两个重要的准则：夹挤原理和单调有界原理. 由这两个判别准则分别可以得到两个重要极限 $\lim\limits_{x\to 0}\dfrac{\sin x}{x}=1$ 和 $\lim\limits_{x\to\infty}\left(1+\dfrac{1}{x}\right)^x=e.$

1. $\lim\limits_{x\to 0}\dfrac{\sin x}{x}=1$

与数列极限的夹挤原理类似，我们给出函数极限的夹挤原理，并且利用它去证明重要极限 $\lim\limits_{x\to 0}\dfrac{\sin x}{x}=1$.

夹挤原理　如果函数 $f(x),g(x),h(x)$ 满足下列条件：

（1）当 $x\in\mathring{U}(x_0,\ r)$（或 $|x|>M$）时，$g(x)\leqslant f(x)\leqslant h(x)$；

（2）$\lim\limits_{\substack{x\to x_0\\(x\to\infty)}}g(x)=A$，$\lim\limits_{\substack{x\to x_0\\(x\to\infty)}}h(x)=A$，

那么

$$\lim_{\substack{x\to x_0\\(x\to\infty)}}f(x)=A.$$

下面根据夹挤原理证明第一个重要极限：

$$\lim_{x\to 0}\frac{\sin x}{x}=1.$$

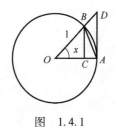

图　1.4.1

证　首先注意到，函数 $\dfrac{\sin x}{x}$ 对于一切 $x\neq 0$ 有定义.（参看图 1.4.1）图中的圆为单位圆，$BC\perp OA$，$DA\perp OA$. 圆心角 $\angle AOB=x$，$0<x<\dfrac{\pi}{2}$.

显然 $\sin x=CB$，$x=\widehat{AB}$，$\tan x=AD$. 因为

$$S_{\triangle AOB}<S_{扇形 AOB}<S_{\triangle AOD},$$

所以

$$\frac{1}{2}\sin x<\frac{1}{2}x<\frac{1}{2}\tan x,$$

即

$$\sin x<x<\tan x.$$

不等号各边都除以 $\sin x$，就有

$$1<\frac{x}{\sin x}<\frac{1}{\cos x} \quad 或 \quad \cos x<\frac{\sin x}{x}<1.$$

注意此不等式当 $-\frac{\pi}{2}<x<0$ 时也成立. 而 $\lim\limits_{x\to0}\cos x=1$，根据夹挤原理得

$$\lim_{x\to0}\frac{\sin x}{x}=1.$$

注　在极限 $\lim\frac{\sin\alpha(x)}{\alpha(x)}$ 中，只要 $\lim\alpha(x)=0$，就有 $\lim\frac{\sin\alpha(x)}{\alpha(x)}=1$.
这是因为，令 $u=\alpha(x)$，则 $u\to0$，于是

$$\lim\frac{\sin\alpha(x)}{\alpha(x)}=\lim_{u\to0}\frac{\sin u}{u}=1.$$

即

$$\lim\frac{\sin\alpha(x)}{\alpha(x)}=1\,(\alpha(x)\to0).$$

例 1.4.1　求 $\lim\limits_{x\to0}\frac{\tan x}{x}$.

解　$\lim\limits_{x\to0}\frac{\tan x}{x}=\lim\limits_{x\to0}\frac{\sin x}{x}\cdot\frac{1}{\cos x}=\lim\limits_{x\to0}\frac{\sin x}{x}\cdot\lim\limits_{x\to0}\frac{1}{\cos x}=1.$

例 1.4.2　求 $\lim\limits_{x\to0}\frac{1-\cos x}{\frac{1}{2}x^2}$.

解　$\lim\limits_{x\to0}\frac{1-\cos x}{\frac{1}{2}x^2}=\lim\limits_{x\to0}\frac{2\sin^2\frac{x}{2}}{\frac{1}{2}x^2}=\lim\limits_{x\to0}\frac{\sin^2\frac{x}{2}}{\left(\frac{x}{2}\right)^2}=\lim\limits_{x\to0}\left(\frac{\sin\frac{x}{2}}{\frac{x}{2}}\right)^2=1^2=1.$

例 1.4.3　求 $\lim\limits_{x\to0}\frac{\arcsin x}{x}$.

解　令 $t=\arcsin x$，则 $x=\sin t$. 当 $x\to0$ 时，$t\to0$，因此

$$\lim_{x\to0}\frac{\arcsin x}{x}=\lim_{t\to0}\frac{t}{\sin t}=1.$$

例 1.4.4　求 $\lim\limits_{x\to\pi}\frac{\sin x}{\pi-x}$.

解　令 $t=\pi-x$，则 $\sin x=\sin(\pi-t)=\sin t$，而且当 $x\to\pi$ 时，$t\to0$. 因此

$$\lim_{x\to\pi}\frac{\sin x}{\pi-x}=\lim_{t\to0}\frac{\sin t}{t}=1.$$

例 1.4.5 求极限 $\lim\limits_{x\to a}\dfrac{\sin x-\sin a}{x-a}$.

解 根据三角函数的和差化积公式及函数极限的四则运算法则，有

$$\lim_{x\to a}\frac{\sin x-\sin a}{x-a}=\lim_{x\to a}\frac{2\cos\dfrac{x+a}{2}\sin\dfrac{x-a}{2}}{x-a}=\lim_{x\to a}\left(\cos\frac{x+a}{2}\cdot\frac{\sin\dfrac{x-a}{2}}{\dfrac{x-a}{2}}\right)=\cos a.$$

取整函数作为一类比较特殊的分段函数，经常出现在极限求解的问题中，在解题时需要根据其性质，结合极限的夹挤原理进行求解.

例 1.4.6 验证下列极限：

(1) $\lim\limits_{x\to 0}x\left[\dfrac{1}{x}\right]=1$； (2) $\lim\limits_{x\to 0^+}\dfrac{x}{a}\left[\dfrac{b}{x}\right]=\dfrac{b}{a}(a>0,\ b>0)$.

证 (1) $\forall x\neq 0$, 有 $\dfrac{1}{x}-1<\left[\dfrac{1}{x}\right]\leqslant\dfrac{1}{x}$, 各项乘以 x 得当 $x>0$ 时,

$$1-x<x\left[\frac{1}{x}\right]\leqslant 1;$$

当 $x<0$ 时,

$$1-x>x\left[\frac{1}{x}\right]\geqslant 1.$$

由 $\lim\limits_{x\to 0}(1-x)=1$ 及夹挤原理, 有 $\lim\limits_{x\to 0}x\left[\dfrac{1}{x}\right]=1$.

(2) 因为 $\dfrac{b}{x}-1<\left[\dfrac{b}{x}\right]\leqslant\dfrac{b}{x}(x\neq 0)$, 当 $x>0$ 时,

$$b-x<x\left[\frac{b}{x}\right]\leqslant b(x\neq 0),$$

$$\frac{b}{a}-\frac{x}{a}<\frac{x}{a}\left[\frac{b}{x}\right]\leqslant\frac{b}{a},$$

于是由 $\lim\limits_{x\to 0^+}\left(\dfrac{b}{a}-\dfrac{x}{a}\right)=0$ 及夹挤原理, 得

$$\lim_{x\to 0^+}\frac{x}{a}\left[\frac{b}{x}\right]=\frac{b}{a}.$$

2. $\lim\limits_{x\to\infty}\left(1+\dfrac{1}{x}\right)^x=\mathrm{e}.$

下面首先给出数列极限存在的另外一个准则：单调有界原理.

然后运用它证明第二个重要极限 $\lim\limits_{n\to\infty}\left(1+\dfrac{1}{n}\right)^n=\mathrm{e}$ 以及 $\lim\limits_{x\to\infty}\left(1+\dfrac{1}{x}\right)^x=\mathrm{e}$.

> **定义**　如果数列 $\{x_n\}$ 满足条件
> $$x_1 \leqslant x_2 \leqslant x_3 \leqslant \cdots \leqslant x_n \leqslant x_{n+1} \leqslant \cdots,$$
> 就称数列 $\{x_n\}$ 是单调增加的；如果数列 $\{x_n\}$ 满足条件
> $$x_1 \geqslant x_2 \geqslant x_3 \geqslant \cdots \geqslant x_n \geqslant x_{n+1} \geqslant \cdots,$$
> 就称数列 $\{x_n\}$ 是单调减少的. 单调增加和单调减少的数列统称为单调数列.

> **单调有界原理**　单调有界数列必有极限.

具体来说，

（1）有上界的递增数列必有极限；

（2）有下界的递减数列必有极限.

我们知道：收敛的数列一定有界，但是有界的数列不一定收敛. 单调有界原理表明：如果数列不仅有界，而且是单调的，那么这个数列的极限必定存在.

运用单调有界原理可以证明极限 $\lim\limits_{n \to \infty}\left(1+\dfrac{1}{n}\right)^n$ 存在.

证　设 $x_n = \left(1+\dfrac{1}{n}\right)^n$，现证明数列 $\{x_n\}$ 是单调增加并且是有上界的.

（1）证明单调性.

由牛顿二项公式得到

$$x_n = \left(1+\frac{1}{n}\right)^n$$

$$= 1 + \frac{n}{1!}\frac{1}{n} + \frac{n(n-1)}{2!}\frac{1}{n^2} + \cdots + \frac{n(n-1)\cdots(n-(n-1))}{n!}\frac{1}{n^n}$$

$$= 1 + 1 + \frac{1}{2!}\left(1-\frac{1}{n}\right) + \cdots + \frac{1}{n!}\left(1-\frac{1}{n}\right)\left(1-\frac{2}{n}\right)\cdots\left(1-\frac{n-1}{n}\right).$$

而

$$x_{n+1} = 1 + 1 + \frac{1}{2!}\left(1-\frac{1}{n+1}\right) + \cdots + \frac{1}{n!}\left(1-\frac{1}{n+1}\right)\left(1-\frac{2}{n+1}\right)\cdots\left(1-\frac{n-1}{n+1}\right) + $$

$$\frac{1}{(n+1)!}\left(1-\frac{1}{n+1}\right)\left(1-\frac{2}{n+1}\right)\cdots\left(1-\frac{n}{n+1}\right).$$

比较 x_{n+1} 与 x_n，发现 $x_n < x_{n+1}$.

（2）证明有界性.

$$x_n \leqslant 1 + \left(1 + \frac{1}{2!} + \cdots + \frac{1}{n!}\right)$$

$$\leq 1 + \left(1 + \frac{1}{2} + \cdots + \frac{1}{2^{n-1}}\right)$$

$$= 3 - \frac{1}{2^{n-1}} < 3.$$

由单调有界原理，当 $n \to \infty$ 时，$x_n = \left(1 + \dfrac{1}{n}\right)^n$ 的极限是存在的，用字母 e 来表示此极限值. 即

$$\lim_{n \to \infty} \left(1 + \frac{1}{n}\right)^n = e.$$

e 是一个无理数，它的值是 $e = 2.718281828459045\cdots$.

我们还可以证明 $\lim\limits_{x \to \infty} \left(1 + \dfrac{1}{x}\right)^x = e$.

证 当 $x > 1$ 时，总存在正整数 n，使得 $n \leq x < n+1$，那么 n 与 x 同时趋于 $+\infty$；并且

$$\left(1 + \frac{1}{n+1}\right)^n < \left(1 + \frac{1}{x}\right)^x < \left(1 + \frac{1}{n}\right)^{n+1},$$

$$\lim_{n \to \infty} \left(1 + \frac{1}{n+1}\right)^n = \lim_{n \to \infty} \left\{\left(1 + \frac{1}{n+1}\right)^{n+1}\right\}^{\frac{n}{n+1}} = e,$$

$$\lim_{n \to \infty} \left(1 + \frac{1}{n}\right)^{n+1} = \lim_{n \to \infty} \left[\left(1 + \frac{1}{n}\right)^n \left(1 + \frac{1}{n}\right)\right]$$

$$= \lim_{n \to \infty} \left(1 + \frac{1}{n}\right)^n \lim_{n \to \infty} \left(1 + \frac{1}{n}\right) = e.$$

利用夹挤原理得

$$\lim_{x \to +\infty} \left(1 + \frac{1}{x}\right)^x = e,$$

然后令 $x = -(t+1)$，则当 $x \to -\infty$ 时，$t \to +\infty$，利用换元可得

$$\lim_{x \to -\infty} \left(1 + \frac{1}{x}\right)^x = \lim_{t \to +\infty} \left(1 - \frac{1}{t+1}\right)^{-(t+1)} = \lim_{t \to +\infty} \left(\frac{t}{t+1}\right)^{-(t+1)} = \lim_{t \to +\infty} \left(1 + \frac{1}{t}\right)^{t+1} = e.$$

这样就有

$$\lim_{x \to \infty} \left(1 + \frac{1}{x}\right)^x = e.$$

例 1.4.7 求 $\lim\limits_{x \to 0} (1 + 2x)^{\frac{1}{x}}$.

解 令 $u = 2x$，则 $\dfrac{1}{x} = \dfrac{2}{u}$，而且当 $x \to 0$ 时，有 $u \to 0$，因此

$$\lim_{x \to 0} (1 + 2x)^{\frac{1}{x}} = \lim_{u \to 0} (1 + u)^{\frac{2}{u}} = \lim_{u \to 0} \left[(1 + u)^{\frac{1}{u}}\right]^2,$$

因为 $\lim\limits_{u \to 0} (1 + u)^{\frac{1}{u}} = e$，所以

$$\lim_{x \to 0} (1 + 2x)^{\frac{1}{x}} = e^2$$

例 1.4.8 求 $\lim\limits_{x\to 0}(1-x)^{\frac{1}{x}}$.

解 令 $x=-u$，则当 $x\to 0$ 时 $u\to 0$，因此

$$\lim_{x\to 0}(1-x)^{\frac{1}{x}}=\lim_{u\to 0}(1+u)^{-\frac{1}{u}}=\frac{1}{e}.$$

例 1.4.9 求 $\lim\limits_{x\to\infty}\left(1-\dfrac{1}{x}\right)^{2017x}$.

解
$$\lim_{x\to\infty}\left(1-\frac{1}{x}\right)^{2017x}=\lim_{x\to\infty}\left(1+\frac{1}{-x}\right)^{-x(-2017)}$$
$$=\left[\lim_{x\to\infty}\left(1+\frac{1}{-x}\right)^{-x}\right]^{-2017}$$
$$=e^{-2017}.$$

例 1.4.10 求极限 $\lim\limits_{x\to 0}(\cos x)^{\frac{1}{x^2}}$.

解
$$\lim_{x\to 0}(\cos x)^{\frac{1}{x^2}}=\lim_{x\to 0}\left[1+(\cos x-1)\right]^{\frac{1}{\cos x-1}\cdot\frac{\cos x-1}{x^2}}$$
$$=\lim_{x\to 0}\left[1+(\cos x-1)\right]^{\frac{1}{\cos x-1}\cdot-\frac{1}{2}\left(\frac{\sin\frac{x}{2}}{\frac{x}{2}}\right)^2}=e^{-\frac{1}{2}}.$$

总结 常用极限有：

(1) $\lim\limits_{x\to 0}\dfrac{1-\cos x}{x^2}=\dfrac{1}{2}$.   (2) $\lim\limits_{x\to 0}(1+x)^{\frac{1}{x}}=e$.

(3) $\lim\limits_{x\to 0}\dfrac{\tan x}{x}=1$.   (4) $\lim\limits_{x\to 0}\dfrac{\arctan x}{x}=1$.

习题 1.4

求下列函数的极限.

1. $\lim\limits_{x\to 0}\dfrac{\sin x^3}{(\sin x)^2}$;

2. $\lim\limits_{x\to\frac{\pi}{2}}\dfrac{\cos x}{x-\dfrac{\pi}{2}}$;

3. $\lim\limits_{x\to a}\dfrac{\sin^2 x-\sin^2 a}{x-a}$;

4. $\lim\limits_{x\to 0}\left(\dfrac{1+x}{1-x}\right)^{\frac{1}{x}}$;

5. $\lim\limits_{x\to 0}\dfrac{\tan x-\sin x}{x^3}$;

6. $\lim\limits_{x\to+\infty}\left(1+\dfrac{\alpha}{x}\right)^{\beta x}$ (α, β 为给定实数).

7. 求下列极限：

(1) $\lim\limits_{x\to 0}\dfrac{\sin ax}{\sin bx}$ ($a\neq 0$, $b\neq 0$);

(2) $\lim\limits_{x\to 0}\dfrac{\sin(\sin x)}{x}$.

8. 设 $\lim\limits_{x\to+\infty}f(x)=a$，证明 $\lim\limits_{x\to+\infty}\dfrac{[xf(x)]}{x}=a$.

1.5 无穷小量与无穷大量

在这一节中，我们首先来介绍另一类型的"极限". 之所以在极限二字上加上引号，是因为"极限值"不是一个实数. 在这个意义上，它与前面讨论过的极限大不相同. 例如，考察函数 $f(x)=\dfrac{1}{x}$. 除了 $x=0$ 之

外，$f(x)$ 处处都有定义. $y=\dfrac{1}{x}$ 的图像是存在于第一象限和第三象限的一条双曲线的两支. 显然，当 $x\to 0$ 时，f 的值可以变得要多大有多大. 为了更加深刻地研究这种函数，我们一起来进行本节课的学习.

1.5.1　无穷小量

定义 1.5.1　设函数 $f(x)$ 在某 $\mathring{U}(x_0)$ 内有定义，如果 $\lim\limits_{x\to x_0}f(x)=0$，那么称 $f(x)$ 为当 $x\to x_0$ 时的无穷小量或无穷小. 若 $\lim\limits_{x\to\infty}x_n=0$，则称数列 $\{x_n\}$ 为 $n\to\infty$ 时的无穷小量.

例如，因为 $\lim\limits_{x\to\infty}\dfrac{1}{x^2}=0$，所以函数 $\dfrac{1}{x^2}$ 为当 $x\to\infty$ 时的无穷小量. 因为 $\lim\limits_{x\to\infty}\dfrac{1}{n}=0$，所以数列 $\left\{\dfrac{1}{n}\right\}$ 为当 $n\to\infty$ 时的无穷小量.

由无穷小量的定义，可得到如下定理.

定理 1.5.1　设 α，β 为同一极限过程下的无穷小量，则 $\alpha+\beta$，$\alpha-\beta$，$\alpha\beta$ 仍是此极限过程下的无穷小量.

定理 1.5.2　无穷小量与有界量的乘积是无穷小量.

例 1.5.1　求极限 $\lim\limits_{x\to 0}x\sin\dfrac{1}{x}$.

解　函数 x 是当 $x\to 0$ 时的无穷小量，$\sin\dfrac{1}{x}$ 是有界量，所以

$$\lim\limits_{x\to 0}x\sin\dfrac{1}{x}=0.$$

例 1.5.2　求 $\lim\limits_{x\to\infty}\dfrac{\sin x}{x}$.

分析　当 $x\to\infty$ 时，分子及分母的极限都不存在，故关于商的极限的运算法则不能应用.

解　因为 $\dfrac{\sin x}{x}=\dfrac{1}{x}\cdot\sin x$ 在 $x\to\infty$ 时是无穷小量与有界函数的乘积，所以

$$\lim\limits_{x\to\infty}\dfrac{\sin x}{x}=0.$$

注　要区别 $\lim\limits_{x\to 0}\dfrac{\sin x}{x}=1$ 与 $\lim\limits_{x\to\infty}\dfrac{\sin x}{x}=0$，这说明求极限与极限过

程(自变量的变化过程)密切相关.

1.5.2　无穷大量

考虑没有极限的一类函数(包括数列), 如在 x 趋于 0 时函数 $f(x)=\dfrac{1}{x^2}$ 以及在 n 趋于 ∞ 时数列 $\{n^2\}$, 它们虽然不能无限地接近于某一定数, 但却有明显的趋向. 即 $f(x)=\dfrac{1}{x^2}$ 随着 x 趋于 0 而无限制地增大, 数列 $\{n^2\}$ 的通项 n^2 也随着 n 的增大而无限制地增大. 这类情形皆称为具有非正常极限 $+\infty$. 类似地, 考察函数 $f(x)=\dfrac{1}{x}$, 当 $x\to 0^+$ 时, 它有非正常极限 $+\infty$, 当 $x\to 0^-$ 时, 它有非正常极限 $-\infty$.

> **定义 1.5.2**　如果当 $x\to x_0$(或 $x\to\infty$)时, 对应的函数值的绝对值 $|f(x)|$ 无限增大, 就称函数 $f(x)$ 为当 $x\to x_0$(或 $x\to\infty$)时的无穷大量.

> **定义 1.5.3**　设 $f(x)$ 在点 x_0 的某一去心邻域内有定义(或 $|x|$ 大于某一正数时有定义). 如果对于任意给定的正数 G(不论它多么大), 总存在着正数 δ(或正数 M), 只要 x 适合不等式 $0<|x-x_0|<\delta$(或 $|x|>M$), 对应的函数值 $f(x)$ 总满足不等式
> $$|f(x)|>G,$$
> 则称函数 $f(x)$ 为当 $x\to x_0$(或 $x\to\infty$)时的无穷大量或无穷大.

应特别注意的问题: 对于当 $x\to x_0$(或 $x\to\infty$)时为无穷大的函数 $f(x)$ 来说, 按函数极限的定义, 极限是不存在的. 但为了便于叙述函数的这一性态, 我们习惯上说"函数的极限是无穷大", 并记作
$$\lim_{x\to x_0}f(x)=\infty\ (\text{或}\lim_{x\to\infty}f(x)=\infty).$$

$$\boxed{\lim_{x\to x_0}f(x)=\infty\Leftrightarrow\forall\,G>0,\ \exists\,\delta>0,\ \text{当}\ 0<|x-x_0|<\delta\ \text{时},\ |f(x)|>G.}$$

$$\boxed{\lim_{x\to\infty}f(x)=\infty\Leftrightarrow\forall\,G>0,\ \exists\,M>0,\ \text{当}\ |x|>M\ \text{时},\ \text{有}\ |f(x)|>G.}$$

把定义中 $|f(x)|>G$ 换成 $f(x)>G$(或 $f(x)<-G$), 就记作
$$\lim_{\substack{x\to x_0\\(x\to\infty)}}f(x)=+\infty\ \text{或}\ \lim_{\substack{x\to x_0\\(x\to\infty)}}f(x)=-\infty.$$

例 1.5.3　依照定义证明 $\lim\limits_{x\to 0}\dfrac{1}{x^2}=\infty$.

证 对任给的正数 G，要使 $\frac{1}{x^2}>G$，即 $x^2<\frac{1}{G}$，只要取 $\delta=\frac{1}{\sqrt{G}}$，

则对一切满足不等式 $0<|x|<\delta$ 的 x，都有 $f(x)=\frac{1}{x^2}>G$.

例 1.5.4 证明：(1) $\lim\limits_{x\to 0^-}\frac{1}{x}=-\infty$；(2) $\lim\limits_{x\to 0^+}\frac{1}{x}=\infty$.

证 (1) 对任给的正数 G，在 $x<0$ 时，要使

$$\frac{1}{x}<-G,\ \text{即}\ 0>x>-\frac{1}{G},$$

只要取 $\delta=\frac{1}{G}$，使得当 $0>x>-\delta$ 时，便有 $f(x)=\frac{1}{x}<-G$，于是得证.

类似地，可证(2).

对于函数 $f(x)=\frac{1}{x}$，由上述结果还可以得到

$$\lim_{x\to 0}\frac{1}{x}=\infty.$$

两个常用的无穷大量：

(1) 当 $a>1$ 时，$\lim\limits_{x\to+\infty}a^x=+\infty$，

(2) 当 $0<a<1$ 时，$\lim\limits_{x\to-\infty}a^x=+\infty$.

定义 1.5.4 如果 $\lim\limits_{x\to x_0}f(x)=\infty$，则称直线 $x=x_0$ 是函数 $y=f(x)$ 图形的垂直渐近线.

例如，直线 $x=1$ 是函数 $y=\frac{1}{x-1}$ 的图形的垂直渐近线.

定理 1.5.3(无穷大量与无穷小量之间的关系) 在自变量的同一变化过程中，若 $f(x)$ 为无穷大，则 $\frac{1}{f(x)}$ 为无穷小；反之，若 $f(x)$ 为无穷小，且 $f(x)\neq 0$，则 $\frac{1}{f(x)}$ 为无穷大.

例 1.5.5 求 $\lim\limits_{x\to 1}\frac{2x-3}{x^2-5x+4}$.

解 $\lim\limits_{x\to 1}\frac{x^2-5x+4}{2x-3}=\frac{1^2-5\times 1+4}{2\times 1-3}=0$，

根据无穷大与无穷小的关系得

$$\lim_{x \to 1} \frac{2x-3}{x^2-5x+4} = \infty .$$

习题 1.5

1. 两个无穷小的商是否一定是无穷小？举例说明.

2. 根据定义证明：

(1) $y = \dfrac{x^2-9}{x+3}$ 当 $x \to 3$ 时为无穷小；

(2) $y = x\sin\dfrac{1}{x}$ 当 $x \to 0$ 时为无穷小.

3. 求下列极限并说明理由.

(1) $\lim\limits_{x \to \infty} \dfrac{2x+1}{x}$；　　　(2) $\lim\limits_{x \to 0} \dfrac{1-x^2}{1-x}$.

4. 计算下列极限.

(1) $\lim\limits_{h \to 0} \dfrac{(x+h)^2-x^2}{h}$；　　(2) $\lim\limits_{x \to 4} \dfrac{x-4}{\sqrt{x}-2}$；

(3) $\lim\limits_{x \to 3} \dfrac{\sqrt[3]{x-5}-2}{x-3}$；

(4) $\lim\limits_{n \to \infty}\left(1+\dfrac{1}{2}+\dfrac{1}{2^2}+\cdots+\dfrac{1}{2^n}\right)$；

(5) $\lim\limits_{n \to \infty}\left(\dfrac{1}{1 \cdot 2}+\dfrac{1}{2 \cdot 3}+\cdots+\dfrac{1}{n(n+1)}\right)$；

(6) $\lim\limits_{n \to \infty}\left(\dfrac{1}{n^2}+\dfrac{2}{n^2}+\cdots+\dfrac{n}{n^2}\right)$；

(7) $\lim\limits_{x \to \infty} \dfrac{x^2-1}{2x^2-x+1}$；　　(8) $\lim\limits_{x \to \infty} \dfrac{x^2+x}{x^3-3x^2+5}$.

5. 计算下列极限.

(1) $\lim\limits_{n \to \infty} \dfrac{n^2}{n^3+1}\sin\dfrac{1}{n}$；　(2) $\lim\limits_{x \to 2}(x^2-4)\sin\dfrac{1}{x-2}$；

(3) $\lim\limits_{x \to 0} \dfrac{x^2\cos\dfrac{1}{x}}{\sin x}$；　　(4) $\lim\limits_{x \to \infty} \dfrac{2x+\sin x}{x-\sin x}$.

1.6 无穷小量的比较

在同一变化过程中，两个无穷小量的和、差、积仍为无穷小，但商未必，例如

$$\lim_{x \to 0} \frac{x^2}{2x} = 0, \qquad \lim_{x \to 0} \frac{2x}{x^2} = \infty, \qquad \lim_{x \to 0} \frac{\sin x}{x} = 1.$$

无穷小量是以 0 为极限的函数，然而不同的无穷小量收敛于 0 的速度有快有慢. 我们通过考察两个无穷小量的比值的极限，来判断两个无穷小量的收敛速度.

> **定义**　如果 $\lim\dfrac{\beta}{\alpha}=0$，就说 β 是比 α 高阶的无穷小，记作 $\beta=o(\alpha)$；
>
> 如果 $\lim\dfrac{\beta}{\alpha}=\infty$，就说 β 是比 α 低阶的无穷小.
>
> 如果 $\lim\dfrac{\beta}{\alpha}=c\neq0$，就说 β 与 α 是同阶无穷小.
>
> 如果 $\lim\dfrac{\beta}{\alpha^k}=c\neq0$，$k>0$，就说 β 是关于 α 的 k 阶无穷小.
>
> 如果 $\lim\dfrac{\beta}{\alpha}=1$，就说 β 与 α 是等价无穷小，记作 $\alpha\sim\beta$.

例如，$\lim\limits_{x\to 0}\dfrac{2017x^2}{x}=0$，所以当 $x\to 0$ 时，$2017x^2=o(x)$；

$\lim\limits_{n\to\infty}\dfrac{\dfrac{1}{n^2}}{\dfrac{1}{n^3}}=\infty$，故当 $n\to\infty$ 时，$\dfrac{1}{n^2}$ 是比 $\dfrac{1}{n^3}$ 低阶的无穷小；

$\lim\limits_{x\to 0}\dfrac{\sin x}{x}=1$，所以当 $x\to 0$ 时，$\sin x$ 与 x 是等价无穷小，即 $\sin x \sim x(x\to 0)$.

当 $x\to 0$ 时，$\tan x \sim x$，$1-\cos x \sim \dfrac{1}{2}x^2$，$\arcsin x \sim x$.

定理 1.6.1 设函数 f,g,h 在某 $\mathring{U}(x_0)$ 内有定义，且当 $x\to x_0$ 时，

$$f(x)\sim g(x).$$

(1) 若 $\lim\limits_{x\to x_0}f(x)h(x)=A$，则 $\lim\limits_{x\to x_0}g(x)h(x)=A$.

(2) 若 $\lim\limits_{x\to x_0}\dfrac{h(x)}{f(x)}=B$，则 $\lim\limits_{x\to x_0}\dfrac{h(x)}{g(x)}=B$.

重要应用：等价无穷小用于简化极限的计算.

例 1.6.1 求 $\lim\limits_{x\to 0}\dfrac{\arctan x}{\sin 4x}$.

解 $\lim\limits_{x\to 0}\dfrac{\arctan x}{x}=1$，所以 $\arctan x \sim x(x\to 0)$. 又由 $\sin 4x \sim 4x(x\sim 0)$，因此由定理 1.6.1 得到

$$\lim\limits_{x\to 0}\dfrac{\arctan x}{\sin 4x}=\lim\limits_{x\to 0}\dfrac{x}{4x}=\dfrac{1}{4}.$$

例 1.6.2 求 $\lim\limits_{x\to 0}\dfrac{1-\cos x}{\sin^2 4x}$.

解
$$\lim\limits_{x\to 0}\dfrac{1-\cos x}{\sin^2 4x}=\lim\limits_{x\to 0}\dfrac{\dfrac{1}{2}x^2}{(4x)^2}=\dfrac{1}{32}.$$

例 1.6.3 求 $\lim\limits_{x\to 0}\dfrac{\sin x}{\arcsin 2x}$.

解
$$\lim\limits_{x\to 0}\dfrac{\sin x}{\arcsin 2x}=\lim\limits_{x\to 0}\dfrac{x}{2x}=\dfrac{1}{2}.$$

注 只能对所求的极限式相乘或相除的因式才能用等价无穷小替换，相加和相减部分不可随意替代，比如下面的例题.

例 1.6.4　求 $\lim\limits_{x\to0}\dfrac{\tan x-\sin x}{x^3}$.

解　$\lim\limits_{x\to0}\dfrac{\tan x-\sin x}{x^3}=\lim\limits_{x\to0}\dfrac{\dfrac{\sin x}{\cos x}-\sin x}{x^3}$

$$=\lim_{x\to0}\frac{\sin x(1-\cos x)}{x^3\cos x}=\lim_{x\to0}\frac{x\cdot\dfrac{1}{2}x^2}{x^3\cos x}=\frac{1}{2}.$$

值得注意的是，并不是任何两个无穷小量都可以进行比较，例如 $x\sin\dfrac{1}{x}$ 与 x^2 当 $x\to0$ 时，既非同阶，又无高低阶可比较，因为它们的比 $\dfrac{x\sin\dfrac{1}{x}}{x^2}=\dfrac{1}{x}\sin\dfrac{1}{x}$ 或 $\dfrac{x^2}{x\sin\dfrac{1}{x}}=\dfrac{x}{\sin\dfrac{1}{x}}$，在 $x\to0$ 不是有界量，因此这两个无穷小量无法进行比较.

常用的几个等价无穷小有：

(1) $x\sim\sin x\sim\tan x\sim\arcsin x\sim\arctan x(x\to0)$；

(2) $1-\cos x\sim\dfrac{1}{2}x^2(x\to0)$；

(3) $\ln(1+x)\sim x(x\to0)$；

(4) $e^x-1\sim x(x\to0)$；

(5) $(1+x)^\alpha-1\sim\alpha x(x\to0)$.

习题 1.6

1. 当 $x\to1$ 时，无穷小 $1-x$ 和

(1) $1-x^3$；　　　　(2) $\dfrac{1}{2}(1-x^2)$

是否同阶？是否等价？

2. 证明：当 $x\to0$ 时，有
$$\arctan x\sim x.$$

3. 利用等价无穷小的性质，求下列极限.

(1) $\lim\limits_{x\to0}\dfrac{\tan3x}{2x}$；

(2) $\lim\limits_{x\to0}\dfrac{\sin(x^n)}{(\sin x)^m}(n,m$ 为正整数$)$；

(3) $\lim\limits_{x\to0}\dfrac{x\arctan\dfrac{1}{x}}{x-\cos x}$；　　(4) $\lim\limits_{x\to0}\dfrac{\sqrt{1+x^2}-1}{1-\cos x}$.

4. 证明无穷小的等价关系具有下列性质：

(1) $\alpha\sim\alpha($自反性$)$；

(2) 若 $\alpha\sim\beta$，则 $\beta\sim\alpha($对称性$)$；

(3) 若 $\alpha\sim\beta$，$\beta\sim\gamma$，则 $\alpha\sim\gamma($传递性$)$.

5. 当 $x\to0$ 时，$\sqrt{1+ax^2}-1$ 与 $\sin^2x$ 为等价无穷小量，求 a 的值.

6. 已知当 $x\to0$ 时，$(1+ax^2)^{\frac{1}{3}}-1$ 与 $1-\cos x$ 是等价无穷小，则常数 $a=$＿＿＿＿.

7. 当 $x\to0$ 时，$e^{x\cos x^2}-e^x$ 与 x^n 是同阶无穷小，则 n 为(　　).

A. 5　　　B. 4　　　C. $\dfrac{5}{2}$　　　D. 2

8. 求下列极限.

(1) $\lim\limits_{x\to 1}\dfrac{x^2-4x+3}{x^4-x+3}$;　(2) $\lim\limits_{x\to 0}\dfrac{(1+x)^5-(1+5x)}{x^2+2x^2}$;

(3) $\lim\limits_{x\to\infty}\dfrac{x^2-x+6}{x^3-x-1}$;　(4) $\lim\limits_{x\to\infty}\dfrac{(4x+1)^{30}(9x+2)^{20}}{(6x-1)^{50}}$.

9. 分析下面求极限 $\lim\limits_{x\to 0}\dfrac{\tan x-\sin x}{x^3}$ 的两种解法是否正确.

(1) $\lim\limits_{x\to 0}\dfrac{\tan x-\sin x}{x^3}=\lim\limits_{x\to 0}\dfrac{\tan x}{x}\cdot\dfrac{1-\cos x}{x^2}$

$=\lim\limits_{x\to 0}\dfrac{x}{x}\cdot\dfrac{\frac{1}{2}x^2}{x^2}=\dfrac{1}{2}$.

(2) 当 $x\to 0$ 时，$\tan x\sim x$，$\sin x\sim x$，于是

$\lim\limits_{x\to 0}\dfrac{\tan x-\sin x}{x^3}=\lim\limits_{x\to 0}\dfrac{x-x}{x^3}=0.$

10. 试用等价无穷小量替换的方法求下列极限.

(1) $\lim\limits_{x\to+\infty}\dfrac{\sqrt{1+x+2x^4}}{x^2-2x}$;

(2) $\lim\limits_{x\to 0}\dfrac{\sin^5 x}{x(\arctan x)^2(1-\cos x)}$;

(3) $\lim\limits_{x\to 0}\dfrac{\tan x-\sin x}{\sin^3 x}$.

1.7　函数的连续性与间断点

我们知道，气温是时间的函数. 设想在 1997 年夏季的某一天，我国某地正午的气温正好是 42℃，而午夜的气温却只有 8℃. 尽管在这一天中气温的变化相当大. 但直觉和经验都告诉我们，在正午前后的一段很小的时间区间内，气温的变化不会太大，与 42℃ 相差不会很远；并且，只要我们把时间限制在正午 12 时前后的一段合适的区间之内，温差就可以要多小有多小. 具备这种特点的函数，我们称之为连续函数.

1.7.1　连续函数的概念

定义 1.7.1　设函数 $y=f(x)$ 在某 $U(x_0)$ 内有定义，如果

$$\lim\limits_{x\to x_0}f(x)=f(x_0),\qquad(*)$$

那么就称函数 $f(x)$ 在点 x_0 处连续. 否则称函数 $f(x)$ 在点 x_0 处不连续.

注　式 $(*)$ 又可以表示为

$$\lim\limits_{x\to x_0}f(x)=f\left(\lim\limits_{x\to x_0}x\right).$$

这样 $f(x)$ 在点 x_0 处连续意味着极限运算 $\lim\limits_{x\to x_0}$ 与对应法则 f 可交换次序.

例 1.7.1　函数 $f(x)=2x+1$ 在点 $x=2$ 连续. 因为

$$\lim\limits_{x\to 2}(2x+1)=5=f(2).$$

例 1.7.2   证明

$$f(x) = \begin{cases} x^{2017}\sin\dfrac{1}{x^{2017}}, & x \neq 0, \\ 0, & x = 0 \end{cases}$$

在 $x=0$ 处连续.

证   由于

$$\lim_{x \to 0} f(x) = \lim_{x \to 0} x^{2017}\sin\frac{1}{x^{2017}} = 0 = f(0).$$

按照函数在一点处连续的定义，$f(x)$ 在 $x=0$ 处连续. 事实上，上述极限为 0 是因为有界量与无穷小量的乘积仍为无穷小量.

为了引入函数 $y=f(x)$ 在点 x_0 处连续的等价定义，记 $\Delta x = x - x_0$，称为自变量 x 在点 x_0 的增量或改变量，相应的函数 y 在点 x_0 的增量记为 $\Delta y = f(x) - f(x_0) = f(x_0 + \Delta x) - f(x_0)$.

引入增量的概念后，得到函数 $y=f(x)$ 在点 x_0 处连续的等价定义.

定义 1.7.2   设函数 $y=f(x)$ 在某 $U(x_0)$ 内有定义，如果

$$\lim_{\Delta x \to 0} \Delta y = \lim_{\Delta x \to 0} [f(x_0 + \Delta x) - f(x_0)] = 0,$$

那么就称函数 $y=f(x)$ 在点 x_0 处连续.

也就是说，当自变量的增量 $\Delta x = x - x_0$ 趋于零时，对应的函数的增量 $\Delta y = f(x_0 + \Delta x) - f(x_0)$ 也趋于零.

函数 $y=f(x)$ 在点 x_0 处连续的定义，也可用如下 $\varepsilon\text{-}\delta$ 语言来描述.

定义 1.7.3   设函数 $y=f(x)$ 在某 $U(x_0)$ 内有定义. 如果对于任给的 $\varepsilon > 0$，总存在着 $\delta > 0$，使得当 $|x - x_0| < \delta$ 时，有

$$|f(x) - f(x_0)| < \varepsilon,$$

那么就称函数 $y=f(x)$ 在点 x_0 处连续.

注   函数 f 在已知点 x_0 连续，不仅要求 f 在 $x=x_0$ 处有定义，而且要求在 $x \to x_0$ 时，$f(x)$ 的极限等于 $f(x_0)$. 因此在用 $\varepsilon\text{-}\delta$ 语言表达时，由于总有 $|f(x_0) - f(x_0)| = 0 < \varepsilon$，所以可把极限定义中的"$0 < |x - x_0| < \delta$"换成"$|x - x_0| < \delta$".

对应于单侧极限，函数相应地也有单侧连续性：

定义 1.7.4   设函数 $y=f(x)$ 在某 $U_-(x_0)$ 内有定义. 如果

$$\lim_{x \to x_0^-} f(x) = f(x_0),$$

则称 $y=f(x)$ 在点 x_0 处左连续.

设函数 $y=f(x)$ 在某 $U_+(x_0)$ 内有定义. 如果

$$\lim_{x \to x_0^+} f(x) = f(x_0),$$

则称 $y=f(x)$ 在点 x_0 处右连续.

左右连续与连续的关系：函数 $y=f(x)$ 在点 x_0 处连续等价于 $y=f(x)$ 在点 x_0 处既右连续又左连续.

在区间上每一点都连续的函数，叫作在该区间上的连续函数，或者说函数在该区间上连续. 如果区间包括端点，那么函数在右端点连续是指左连续，在左端点连续是指右连续.

例 1.7.3 讨论 $y=|x|$ 在点 $x=0$ 的连续性.

解 因为

$$\lim_{x \to 0^+} |x| = \lim_{x \to 0^+} x = 0 = f(0),$$
$$\lim_{x \to 0^-} |x| = \lim_{x \to 0^-} (-x) = 0 = f(0),$$

所以函数 $y=|x|$ 在点 0 既是左连续，又是右连续，由上述定理知它在点 0 也连续.

例 1.7.4 讨论函数 $y = \begin{cases} x+2, & x \geq 0, \\ x-2, & x < 0 \end{cases}$ 在 $x=0$ 处的连续性.

解 因为

$$\lim_{x \to 0^+} y = \lim_{x \to 0^+} (x+2) = 2,$$
$$\lim_{x \to 0^-} y = \lim_{x \to 0^-} (x-2) = -2,$$

而 $f(0)=2$，所以函数在 $x=0$ 右连续，但不左连续，从而它在 $x=0$ 也不连续.

注 函数在定义域端点的连续性指的是左、右连续. 例如，函数 $f(x) = \sqrt{1-x^2}$ 在其定义域 $[-1, 1]$ 端点上分别是右连续和左连续.

例 1.7.5 证明函数 $y = \sin x$ 在区间 $(-\infty, +\infty)$ 内是连续的.

证 由三角函数和差化积公式可得

$$\Delta y = f(x_0 + \Delta x) - f(x_0) = \sin(x_0 + \Delta x) - \sin x_0$$
$$= 2\sin \frac{(x_0 + \Delta x) - x_0}{2} \cos \frac{(x_0 + \Delta x) + x_0}{2}$$
$$= 2\sin \frac{\Delta x}{2} \cos \frac{2x_0 + \Delta x}{2},$$

于是有

$$\lim_{\Delta x \to 0} \Delta y = \lim_{\Delta x \to 0} 2\sin \frac{\Delta x}{2} \cos \frac{2x_0 + \Delta x}{2}$$
$$= \lim_{\Delta x \to 0} \frac{\sin \frac{\Delta x}{2}}{\frac{\Delta x}{2}} \cdot \Delta x \cos \frac{2x_0 + \Delta x}{2},$$

因为当 $\Delta x \to 0$ 时 $\dfrac{\sin \dfrac{\Delta x}{2}}{\dfrac{\Delta x}{2}} \cdot \Delta x \to 1 \times 0 = 0$，而 $\cos \dfrac{2x_0 + \Delta x}{2}$ 是有界函数，

故可得 $$\lim_{\Delta x \to 0} \Delta y = 0.$$

从而函数 $y = \sin x$ 在区间 $(-\infty, +\infty)$ 内是连续的.

1.7.2 函数的间断点

设函数 $f(x)$ 在某 $\mathring{U}(x_0)$ 内有定义. 如果函数 $f(x)$ 有下列三种情形之一：

（1）在 x_0 没有定义；

（2）虽在 x_0 有定义，但 $\lim\limits_{x \to x_0} f(x)$ 不存在；

（3）虽在 x_0 有定义且 $\lim\limits_{x \to x_0} f(x)$ 存在，但 $\lim\limits_{x \to x_0} f(x) \neq f(x_0)$，

则 $f(x)$ 在点 x_0 不连续，而点 x_0 称为函数 $f(x)$ 的不连续点或间断点.

定义 1.7.5 若 $\lim\limits_{x \to x_0} f(x) = A$，而 f 在点 x_0 没有定义或者虽有定义但是 $f(x_0) \neq A$，则称点 x_0 为 f 的可去间断点.

例 1.7.6 函数 $f(x) = |\operatorname{sgn} x|$，因为 $\lim\limits_{x \to 0} f(x) = 1 \neq f(0) = 0$，故 $x = 0$ 为 $f(x) = |\operatorname{sgn} x|$ 的可去间断点.

例 1.7.7 函数 $y = \dfrac{x^2 - 4}{x - 2}$ 在 $x = 2$ 没有定义，但 $\lim\limits_{x \to 2} \dfrac{x^2 - 4}{x - 2} = \lim\limits_{x \to 2}(x + 2) = 4$，所以点 $x = 2$ 是该函数的间断点，而且是可去间断点.

例 1.7.8 设函数

$$y = f(x) = \begin{cases} x, & x \neq 1, \\ \dfrac{1}{3}, & x = 1. \end{cases}$$

因为

$$\lim_{x \to 1} f(x) = \lim_{x \to 1} x = 1, \quad f(1) = \frac{1}{3}, \quad \lim_{x \to 1} f(x) \neq f(1),$$

所以 $x = 1$ 是函数 $f(x)$ 的间断点，并且是可去间断点.

设 x_0 为 $f(x)$ 的可去间断点，那么只要改变 f 在 x_0 处所对应的函数值，即用函数在点 x_0 的极限值来定义 f 在点 x_0 的函数值，那么重新定义后的函数 $f(x)$ 在 x_0 连续.

定义 1.7.6 若函数 f 在点 x_0 的左右极限都存在，但 $\lim\limits_{x \to x_0^+} f(x) \neq \lim\limits_{x \to x_0^-} f(x)$，则称点 x_0 为 f 的跳跃间断点.

例 1.7.9　设函数

$$f(x) = \begin{cases} x-1, & x<0, \\ 0, & x=0, \\ x+1, & x>0. \end{cases}$$

因为

$$\lim_{x \to 0^-} f(x) = \lim_{x \to 0^-} (x-1) = -1,$$

$$\lim_{x \to 0^+} f(x) = \lim_{x \to 0^+} (x+1) = 1,$$

$$\lim_{x \to 0^-} f(x) \neq \lim_{x \to 0^+} f(x),$$

所以极限 $\lim\limits_{x \to 0} f(x)$ 不存在，$x=0$ 是函数 $f(x)$ 的间断点，并且是跳跃间断点.

可去间断点和跳跃间断点统称为第一类间断点，它们的共同特点是函数在该点处左右极限都存在. 函数的所有其他类型的间断点，则至少有一侧极限不存在的点，统称为第二类间断点.

例 1.7.10　正切函数 $y = \tan x$ 在 $x = \dfrac{\pi}{2}$ 处没有定义，所以点 $x = \dfrac{\pi}{2}$ 是函数 $\tan x$ 的间断点. 又因为 $\lim\limits_{x \to \frac{\pi}{2}} \tan x = \infty$，故 $x = \dfrac{\pi}{2}$ 为函数 $\tan x$ 的第二类间断点.

例 1.7.11　函数 $f(x) = \dfrac{1}{x} (x \neq 0)$，$f(0) = 0$，在点 $x = 0$ 处，不存在有限的左、右极限. 所以 $x = 0$ 是函数 $f(x) = \dfrac{1}{x}$ 的第二类间断点.

例 1.7.12　函数 $f(x) = \sin \dfrac{1}{x}$ 在点 $x = 0$ 处，左、右极限都不存在，所以 $x = 0$ 是 $f(x)$ 的第二类间断点.

狄利克雷函数在其定义域上每一点 x 都是第二类间断点.

例 1.7.13　求函数 $f(x) = \sqrt{\dfrac{1 - \cos \pi x}{4 - x^2}}$ 的间断点，并指出间断点的类型. 若是可去间断点，将其补充定义使函数在该点连续.

解　函数在 $x=2$，$x=-2$ 处无定义，因此 $x=2$，$x=-2$ 为间断点，因为

$$\lim_{x \to 2} \sqrt{\frac{1 - \cos \pi x}{4 - x^2}} = \lim_{x \to 2} \sqrt{\frac{2\pi \sin^2 \dfrac{\pi(2-x)}{2}}{\dfrac{\pi}{2}(2-x) \cdot 2(2+x)}} = 0,$$

同理，$\lim\limits_{x \to -2} f(x) = 0$，所以 $x=2$ 及 $x=-2$ 为第一类间断点，且是可去间断点.

重新定义函数 $f_1(x) = \begin{cases} \sqrt{\dfrac{1-\cos\pi x}{4-x^2}}, & x \neq \pm 2 \\ 0, & x = \pm 2 \end{cases}$

则 $f_1(x)$ 在 $x = \pm 2$ 处连续.

习题 1.7

1. 已知 $f(x) = \begin{cases} (\cos x)^{\frac{1}{x^2}}, & x \neq 0 \\ a, & x = 0 \end{cases}$，在 $x=0$ 处连续，则 $a =$ ____.

2. 设 $f(x) = \begin{cases} a + bx^2, & x \leq 0 \\ \dfrac{\sin bx}{x}, & x > 0 \end{cases}$ 在 $x=0$ 处间断，则常数 a 与 b 应满足怎样的关系？

3. 设 $f(x)$ 和 $g(x)$ 在 $(-\infty, +\infty)$ 内有定义. $f(x)$ 为连续函数，且 $f(x) \neq 0$，$g(x)$ 有间断点，则（　）.

A. $g(f(x))$ 必有间断点

B. $g(x)/f(x)$ 必有间断点

C. $[g(x)]^2$ 必有间断点

D. $f(g(x))$ 必有间断点

4. 设函数 $f(x) = \lim\limits_{n \to \infty} \dfrac{1+x}{1+x^{2n}}$，讨论函数 $f(x)$ 的间断点，其结论为（　）.

A. 不存在间断点　　　　B. 存在间断点 $x=1$

C. 存在间断点 $x=0$　　D. 存在间断点 $x=-1$

5. 讨论函数 $f(x) = \lim\limits_{n \to \infty} \dfrac{x^{n+2} - x^{-n}}{x^n + x^{-n}}$ 的连续性.

6. 研究下列函数的连续性.

(1) $f(x) = \begin{cases} x^2, & 0 \leq x \leq 1 \\ 2-x, & 1 < x \leq 2 \end{cases}$;

(2) $f(x) = \begin{cases} x, & -1 \leq x \leq 1 \\ 1, & |x| > 1 \end{cases}$.

7. 指出下列函数的间断点并说明类型.

(1) $f(x) = x + \dfrac{1}{x}$;　　(2) $f(x) = \dfrac{\sin x}{|x|}$;

(3) $f(x) = [|\cos x|]$;　　(4) $f(x) = \operatorname{sgn}|x|$;

(5) $f(x) = \operatorname{sgn}(\cos x)$;

(6) $f(x) = \begin{cases} \dfrac{1}{x+7}, & -\infty < x < -7 \\ x, & -7 \leq x \leq 1 \\ (x-1)\sin\dfrac{1}{x-1}, & 1 < x < +\infty \end{cases}$;

(7) $f(x) = \begin{cases} \cos\dfrac{\pi x}{2}, & |x| \leq 1 \\ |x-1|, & |x| > 1 \end{cases}$.

8. 延拓下列函数（找出可去间断点，将可去间断点进行处理变化成连续函数），使其在 $\mathbf{R}$ 上连续.

(1) $f(x) = \dfrac{x^3 - 8}{x-2}$;　　(2) $f(x) = \dfrac{1-\cos x}{x^2}$;

(3) $f(x) = x\cos\dfrac{1}{x}$.

1.8　连续函数的运算与初等函数的连续性

从极限出发，有了连续函数的定义. 那么我们经常遇到的初等函数在其定义区间上是否是连续的呢？本节给出肯定的回答.

1.8.1 连续函数的和、差、积及商的连续性

定理 1.8.1　设函数 $f(x)$ 和 $g(x)$ 在点 x_0 连续，则函数 $f(x)\pm g(x)$，$f(x)\cdot g(x)$，$\dfrac{f(x)}{g(x)}$（当 $g(x_0)\neq 0$ 时）在点 x_0 也连续.

证　我们只给出 $f(x)\pm g(x)$ 连续性的证明. 因为 $f(x)$ 和 $g(x)$ 在点 x_0 连续，所以它们在点 x_0 有定义，从而 $f(x)\pm g(x)$ 在点 x_0 也有定义，再由连续性和极限运算法则，有

$$\lim_{x\to x_0}[f(x)\pm g(x)]=\lim_{x\to x_0}f(x)\pm\lim_{x\to x_0}g(x)=f(x_0)\pm g(x_0)$$

根据函数连续性的定义，$f(x)\pm g(x)$ 在点 x_0 连续.

例 1.8.1　$\sin x$，$\cos x$ 都在 $(-\infty,+\infty)$ 内连续，因此 $\tan x=\dfrac{\sin x}{\cos x}$，$\cot x=\dfrac{\cos x}{\sin x}$，$\sec x=\dfrac{1}{\cos x}$，$\csc x=\dfrac{1}{\sin x}$ 在它们的定义域内连续.

1.8.2 反函数与复合函数的连续性

定理 1.8.2　如果函数 $y=f(x)$ 在区间 I_x 上严格单调增加（或减少）且连续，那么其反函数 $x=f^{-1}(y)$ 也在对应的区间 $I_y=\{y\mid y=f(x),x\in I_x\}$ 上严格单调增加（或减少）且连续.

例 1.8.2　由于 $y=\sin x$ 在区间 $\left[-\dfrac{\pi}{2},\dfrac{\pi}{2}\right]$ 上严格单调增加且连续，且其值域为 $[-1,1]$，因此它的反函数 $y=\arcsin x$ 在 $[-1,1]$ 上也是严格单调增加且连续的.

同理，$y=\arccos x$ 在 $[-\pi,\pi]$ 上严格单调减少且连续；$y=\arctan x$ 在 $(-\infty,+\infty)$ 上严格单调增加且连续；$y=\operatorname{arccot}x$ 在 $(-\infty,+\infty)$ 上严格单调减少且连续.

总之，反三角函数在其定义域内都是连续的.

定理 1.8.3　设函数 $y=f(g(x))$ 是由函数 $y=f(u)$，$u=g(x)$ 复合而成的，若 $\lim\limits_{x\to x_0}g(x)=u_0$，且函数 $y=f(u)$ 在 u_0 连续，则

$$\lim_{x\to x_0}f(g(x))=\lim_{u\to u_0}f(u)=f(u_0).$$

注 1　由于 $\lim\limits_{x\to x_0}g(x)=u_0$，$\lim\limits_{u\to u_0}f(u)=f(u_0)$，所以上式又可以写成

$$\lim_{x \to x_0} f(g(x)) = f\left(\lim_{x \to x_0} g(x)\right).$$

这说明在定理 1.8.3 的条件下，求复合函数 $f(g(x))$ 的极限时，极限符号 $\lim\limits_{x \to x_0}$ 与函数符号 f 可以交换次序.

注 2 若将定理 1.8.3 中的 $x \to x_0$ 换成 $x \to \infty$，可得类似的结论.

在定理 1.8.3 中增加条件 $u_0 = g(x_0)$，即 $g(x)$ 在 x_0 连续，则有

$$\lim_{x \to x_0} f(g(x)) = f(u_0) = f(g(x_0)).$$

于是得到复合函数的连续性：

定理 1.8.4 设函数 $y = f(g(x))$ 是由函数 $y = f(u)$，$u = g(x)$ 复合而成，若函数 $u = g(x)$ 在 x_0 连续，且 $g(x_0) = u_0$，而函数 $y = f(u)$ 在 u_0 连续，则复合函数 $y = f(g(x))$ 在 x_0 也连续.

例 1.8.3   求 $\lim\limits_{x \to 1} \sin(1 - x^2)$.

解   由于 $\sin(1 - x^2)$ 可看作函数 $\sin u$ 与 $1 - x^2$ 的复合. 函数 $1 - x^2$ 在 $x = 1$ 连续，其函数值为 0，函数 $\sin u$ 在 $u = 0$ 也连续. 故有

$$\lim_{x \to 1} \sin(1 - x^2) = \sin\left(\lim_{x \to 1}(1 - x^2)\right) = \sin 0 = 0.$$

1.8.3 初等函数的连续性

我们已经知道了三角函数及反三角函数在它们的定义域内是连续的. 事实上，基本初等函数在它们的定义域内都是连续的.

最后，结合初等函数的定义，由基本初等函数的连续性以及连续函数的四则运算和复合函数的连续性可得：

定理 1.8.5 一切初等函数在其定义区间内都是连续的. 所谓定义区间就是包含在定义域内的区间.

初等函数的连续性在求函数极限中有重要应用：如果 $f(x)$ 是初等函数，且 x_0 是 $f(x)$ 的定义区间内的点，则 $\lim\limits_{x \to x_0} f(x) = f(x_0)$.

例 1.8.4   求 $\lim\limits_{x \to 0} \sqrt{1 - x^2}$.

解   初等函数 $f(x) = \sqrt{1 - x^2}$ 在 $x = 0$ 处是有定义的，所以

$$\lim_{x \to 0} \sqrt{1 - x^2} = \sqrt{1 - 0^2} = 1.$$

例 1.8.5   求 $\lim\limits_{x \to 0} \dfrac{\ln(1 + x)}{x}$.

解   由 $\dfrac{\ln(1 + x)}{x} = \ln(1 + x)^{\frac{1}{x}}$ 及对数函数的连续性，有

$$\lim_{x \to 0} \ln(1+x)^{\frac{1}{x}} = \ln\left(\lim_{x \to 0}(1+x)^{\frac{1}{x}}\right) = \ln e = 1.$$

例 1.8.6 求 $\lim\limits_{x \to 0} \dfrac{\ln(1+x^2)}{\cos x}$.

解 由于 $x = 0$ 属于初等函数 $f(x) = \dfrac{\ln(1+x^2)}{\cos x}$ 的定义域，故由函数连续性定义有

$$\lim_{x \to 0} \frac{\ln(1+x^2)}{\cos x} = f(0) = 0.$$

习题 1.8

1. 求函数 $f(x) = \dfrac{x^3+3x^2-x-3}{x^2+x-6}$ 的连续区间，并求极限 $\lim\limits_{x \to 0} f(x)$，$\lim\limits_{x \to -3} f(x)$ 及 $\lim\limits_{x \to 2} f(x)$.

2. 设函数 $f(x)$ 与 $g(x)$ 在点 x_0 连续，证明以下两个函数
$$\varphi(x) = \max\{f(x),\, g(x)\},\quad \psi(x) = \min\{f(x),\, g(x)\}$$
在点 x_0 也连续.

3. 求下列极限.

(1) $\lim\limits_{x \to 0} \sqrt{x^2-2x+5}$;　　(2) $\lim\limits_{x \to \frac{\pi}{4}} (\sin 2x)^3$;

(3) $\lim\limits_{x \to \frac{\pi}{6}} \ln(2\cos 2x)$;　　(4) $\lim\limits_{x \to 0} \dfrac{\sqrt{x+1}-1}{x}$;

(5) $\lim\limits_{x \to 1} \dfrac{\sqrt{5x-4}-\sqrt{x}}{x-1}$;　　(6) $\lim\limits_{x \to a} \dfrac{\sin x - \sin a}{x-a}$;

(7) $\lim\limits_{x \to +\infty} \left(\sqrt{x^2+x} - \sqrt{x^2-x}\right)$.

4. 求下列极限.

(1) $\lim\limits_{x \to \infty} e^{\frac{1}{x}}$;　　(2) $\lim\limits_{x \to 0} \ln \dfrac{\sin x}{x}$;

(3) $\lim\limits_{x \to \infty} \left(1+\dfrac{1}{x}\right)^{\frac{x}{2}}$;　　(4) $\lim\limits_{x \to 0} (1+3\tan^2 x)^{\cot^2 x}$;

(5) $\lim\limits_{x \to \infty} \left(\dfrac{3+x}{6+x}\right)^{\frac{x-1}{2}}$.

5. 设函数
$$f(x) = \begin{cases} e^x, & x < 0, \\ a+x, & x \geq 0. \end{cases}$$
应当如何选择数 a，使得 $f(x)$ 成为在 $(-\infty,\, +\infty)$ 内的连续函数？

6. 确定 k 的值，使
$$f(x) = \begin{cases} \sin x \cos \dfrac{1}{x}, & x \neq 0, \\ k, & x = 0 \end{cases}$$
在 $x = 0$ 处连续.

7. 计算函数 $f(x) = \dfrac{1}{\sqrt{4-x^2}}$ 的连续区间.

8. 指出函数 $f(x) = \dfrac{\sin x}{x^2-x}$ 的间断点，并指明其类型.

1.9　闭区间上连续函数的性质

本节我们将介绍闭区间上连续函数的性质.

1.9.1　有界性与最大最小值定理

定义 1.9.1 设函数 $f(x)$ 在区间 I 上有定义. 如果有 $x_0 \in I$，使得对于任意 $x \in I$ 都有

$$f(x) \leqslant f(x_0)(f(x) \geqslant f(x_0)),$$

则称 $f(x_0)$ 是函数 $f(x)$ 在区间 I 上的最大值(最小值).

定理 1.9.1(有界性与最大最小值定理) 在闭区间上连续的函数在该区间上有界且一定能取得它的最大值和最小值.

该定理说明,如果函数 $f(x)$ 在闭区间 $[a,b]$ 上连续,那么至少有一点 $x_1 \in [a,b]$,使得 $f(x_1)$ 是 $f(x)$ 在 $[a,b]$ 上的最大值,且至少有一点 $x_2 \in [a,b]$,使得 $f(x_2)$ 是 $f(x)$ 在 $[a,b]$ 上的最小值.

注 如果函数在开区间内连续,或函数在闭区间上有间断点,那么函数在该区间上就不一定有最大值或最小值. 例如,在开区间 $(0,1)$ 内函数 $y=x$ 没有最大值和最小值. 又如,函数

$$f(x) = \begin{cases} -x+1, & 0 \leqslant x < 1, \\ 1, & x=1, \\ -x+3, & 1 < x \leqslant 2 \end{cases}$$

在闭区间 $[0,2]$ 上无最大值和最小值.

1.9.2 零点定理与介值定理

定义 1.9.2 如果 x_0 使得 $f(x_0)=0$,则点 x_0 称为函数 $f(x)$ 的零点.

定理 1.9.2(零点定理) 设函数 $f(x)$ 在闭区间 $[a,b]$ 上连续,且 $f(a)$ 与 $f(b)$ 异号,即

$$f(a) \cdot f(b) < 0,$$

那么在开区间 (a,b) 内至少有一点 ξ,使得

$$f(\xi) = 0.$$

几何意义:如果连续曲线弧的两个端点位于 x 轴的不同侧,那么这段弧与 x 轴至少有一个交点.

例 1.9.1   证明方程 $x^4-3x^2+1=0$ 在 $(0,1)$ 内至少有一个根.

证 函数 $f(x)=x^4-3x^2+1$ 在闭区间 $[0,1]$ 上连续,又有

$$f(0)=1>0, \quad f(1)=-1<0.$$

由零点定理,在 $(0,1)$ 内至少存在一点 ξ,使得 $f(\xi)=0$,即

$$\xi^4-3\xi^2+1=0, \quad 0<\xi<1.$$

这就说明方程 $x^4-3x^2+1=0$ 在 $(0,1)$ 内至少有一个根 ξ.

定理 1.9.3(介值定理)　设函数 $f(x)$ 在闭区间 $[a,b]$ 上连续，且在区间的端点处取不同的函数值 $f(a)=A$ 及 $f(b)=B$，那么，对于 A 与 B 之间的任意一个数 C，在开区间 (a,b) 内至少有一点 ξ，使得 $f(\xi)=C$.

证　我们利用零点定理证明. 设 $\varphi(x)=f(x)-C$，则 $\varphi(x)$ 在闭区间 $[a,b]$ 上连续，且 $\varphi(a)=A-C$ 与 $\varphi(b)=B-C$ 异号. 根据零点定理，在开区间 (a,b) 内至少有一点 ξ，使得

$$\varphi(\xi)=f(\xi)-C=0(a<\xi<b).$$

推论　设函数 $f(x)$ 在 $[a,b]$ 上连续，M 与 m 分别为 $f(x)$ 在 $[a,b]$ 上的最大值和最小值，那么，对于 M 与 m 之间的任意一个数 c，在 $[a,b]$ 内至少存在一点 ξ，使得 $f(\xi)=C$.

下面列举出一个应用介值定理的例子.

例 1.9.2　设 $p>0$，n 是正整数. 证明：方程 $x^n=p$ 有唯一的正数解.

证　先证存在性，由于当 $x\to+\infty$ 时，有 $x^n\to+\infty$，所以必存在一个正数 α，使得 $\alpha^n>p$. 容易验证，函数 $f(x)=x^n$ 在 $[0,\alpha]$ 上连续，且有 $f(0)<p<f(\alpha)$. 由介值定理，在 $(0,\alpha)$ 内至少存在一点 x_0，使得 $f(x_0)=x_0^n=p$.

再证唯一性，如果存在两个正数 x_0，x_1，使得 $x_0^n=x_1^n=p$，那么有

$$x_0^n-x_1^n=(x_0-x_1)(x_0^{n-1}+x_0^{n-2}x_1+\cdots+x_1^{n-1})=0,$$

由于第二个括号内的数均为正，所以只能 $x_0-x_1=0$，即

$$x_0=x_1.$$

例 1.9.3　设 $f(x)$ 在 $[0,1]$ 上连续，且 $0\le f(x)\le 1$，证明：至少有一点 $c\in[0,1]$，使得 $f(c)=c$.

证　若 $f(0)=0$ 或 $f(1)=1$，则取 $c=0$ 或 $c=1$ 即证.

若 $f(0)\ne0$ 且 $f(1)\ne1$，则必有

$$0<f(0),\ f(1)<1.$$

令 $F(x)=f(x)-x$，则 $F(x)$ 在 $[0,1]$ 上连续，且有

$$F(0)=f(0)-0>0,\ F(1)=f(1)-1<0.$$

由零点定理，至少有一点 $c\in(0,1)$，使得 $F(c)=0$，即 $f(c)=c$

习题 1.9

1. 证明方程 $x^5-3x=1$ 至少有一个根介于 1 和 2 之间.

2. 证明方程 $x=a\sin x+b$，其中 $a>0$，$b>0$，至少有一个不超过 $a+b$ 的正根.

第1章总习题

1. 填空题

(1) 函数 $f(x)=\dfrac{1}{\sqrt{\ln(x+4)}}$ 的定义域用区间表示为_____.

(2) 设函数 $f(x)=\begin{cases}e^x-2, & x>0,\\ 1, & x=0,\\ \sin x-\cos x, & x<0,\end{cases}$ 则 $\lim\limits_{x\to0}f(x)=$_____.

(3) $x=0$ 是 $f(x)=x\cos\dfrac{1}{2x}$ 的_____间断点.

(4) 要使 $f(x)=(1+x^2)^{-\frac{2}{x^2}}$ 在 $x=0$ 处连续，应补充定义 $f(0)$ 的值为_____.

(5) 函数 $f(x)=\begin{cases}\dfrac{x^3-1}{x-1}, & x<1,\\ a, & x\geq1\end{cases}$ 在 $x=1$ 处连续，则 $a=$_____.

(6) 设 $f(x)=x^2$，$g(x)=2^x$，则函数 $f(g(x))=$_____.

(7) 函数 $f(x)=\sqrt{\dfrac{3-x}{x+2}}$ 的定义域用区间表示为_____.

(8) $\lim\limits_{x\to x_0^-}f(x)=\lim\limits_{x\to x_0^+}f(x)$ 是 $\lim\limits_{x\to x_0}f(x)$ 存在的_____.

(9) 函数 $y=\dfrac{x-1}{x^2-3x+2}$ 有_____个间断点.

2. 选择题

(1) 数列有界是数列收敛的(   ).
A. 充分条件
B. 必要条件
C. 充分必要条件
D. 既非充分条件又非必要条件

(2) $\lim\limits_{n\to\infty}\dfrac{1}{1\times2}+\dfrac{1}{2\times3}+\cdots+\dfrac{1}{n(n+1)}=$(   ).
A. 1   B. $\dfrac{1}{2}$ C. ∞ D. $\dfrac{1}{n}$

(3) 已知 $f(x)=\begin{cases}1, & x\neq1,\\ 0, & x=1,\end{cases}$ 则 $\lim\limits_{x\to1}f(x)=$(   ).

A. 0   B. 1   C. ∞ D. 不存在

(4) 当 $x\to0$ 时，$1-\cos2x$ 是 x^2 的(   ).
A. 高阶无穷小
B. 同阶无穷小，但不等价
C. 等价无穷小
D. 低阶无穷小

(5) 在 $x\to0$ 时，下面说法中，错误的是(   ).
A. $x\sin x$ 是无穷小
B. $x\sin\dfrac{1}{x}$ 是无穷小
C. $\dfrac{1}{x}\sin\dfrac{1}{x}$ 是无穷大
D. $\dfrac{1}{x}$ 是无穷大

(6) 设 $f(x)=\dfrac{x^3-x}{\sin\pi x}$，则(   ).
A. 有无穷多个第一类间断点
B. 只有 1 个可去间断点
C. 有 2 个跳跃间断点
D. 有 3 个可去间断点

(7) $\lim\limits_{x\to0}\dfrac{|x|}{x}=$(   ).
A. 0   B. 1   C. -1 D. 不存在

(8) 下列数列中，收敛的是(   ).
A. $\left\{(-1)^n\dfrac{n+1}{n}\right\}$ B. $\left\{\dfrac{2n}{n+1}\right\}$
C. $\left\{\sin\dfrac{n\pi}{2}\right\}$ D. $\{n-(-1)^n\}$

3. 计算题

(1) 设 $f(x)=\begin{cases}2x+1, & x\geq0,\\ x^2+4, & x<0,\end{cases}$ 求 $f(2x-1)$.

(2) 设当 $x\to0$ 时，$\alpha(x)=\sqrt[3]{1+3x^3}-\sqrt[3]{1-3x^3}\sim Ax^k$，试确定 A 及 k.

(3) 讨论函数 $f(x)=\lim\limits_{n\to\infty}\dfrac{1-x^{2n}}{1+x^{2n}}\cdot x$ 的连续性，若有间断点判断其类型.

(4) $\lim\limits_{x\to0}\dfrac{(1+4x)^4-(1+2x)^2}{(2x-1)^2-1}$.

(5) $\lim\limits_{x\to0}\dfrac{1-\cos2x}{x\tan x}$.

2

世间万物是在不断变化的，从数量方面反映这种变化的就是函数. 我们研究过函数的变化趋势，也就是函数的极限及其相关的性质. 但是，仅仅了解函数的变化是远远不能满足科学和日常生活需要的. 更重要的是研究自变量变化的快慢. 例如说："1kg 牛奶的价格上涨了 1 元"这句话是十分笼统的，并没有告诉人们多少信息. 但是"1kg 牛奶的价格在 5 年之内上涨了 1 元"与"1kg 牛奶在 1 个月内上涨了 1 元"这两句话在人们心中会引起不同的反应：第一句话可能不会引起人们的注意，但是第二句话很可能造成消费者的心理波动. 汽车、火车、飞机的速度是它们工作效率的重要标志；一条公路如果在一段很短的距离之内，它的高度有相当大的上升、下降，那么驾驶员在这一段路上驾驶时必须全神贯注. 变化的速度，也称"变化率"，它的原始含义很多人都很清楚，通常指在一定的变化过程中"改变量的平均值". 但是，为了解决科学技术、生产、生活中的现实问题，有必要对它做出完全精确的数学描述. 在历史上，正是实际问题对这种"精确描述"的迫切需要，促使"微积分"的产生，而"微分学"正是数学分析的一个重要组成部分.

2.1 导数的概念

2.1.1 问题的提出

我们的第一个例子来自运动学：变速直线运动的瞬时速度.

设一质点做非匀速直线运动，质点 M 的运动路程 s 是运动时间 t 的函数，即 $s=f(t)$. 我们要求质点 M 在时刻 t_0 的瞬时速度. 首先考察质点 M 在时间段 $[t_0,t]$（或 $[t,t_0]$）内的平均速度

$$\bar{v}=\frac{f(t)-f(t_0)}{t-t_0}$$

时间间隔越短，平均速度 $\bar{v}$ 就越接近 t_0 时刻的瞬时速度. 因此，当

$t \to t_0$ 时，若比值 $\dfrac{f(t)-f(t_0)}{t-t_0}$ 的极限存在，则称极限

$$v = \lim_{t \to t_0} \frac{f(t)-f(t_0)}{t-t_0}$$

为质点 M 在时刻 t_0 的瞬时速度.

2.1.2　导数的定义

1. 函数在一点处的导数与导函数

从上面所讨论的问题看出，实质上，非匀速直线运动的瞬时速度由极限

$$\lim_{x \to x_0} \frac{f(x)-f(x_0)}{x-x_0}$$

所定义. 更一般地有：

定义 2.1.1　设函数 $y=f(x)$ 在某 $U(x_0)$ 内有定义. 若极限

$$\lim_{x \to x_0} \frac{f(x)-f(x_0)}{x-x_0} \qquad (2.1.1)$$

存在，则称函数 $y=f(x)$ 在点 x_0 处可导，并称这个极限为函数 $f(x)$ 在点 x_0 处的导数，记为 $f'(x_0)$，或

$$y'\big|_{x=x_0}, \quad \frac{dy}{dx}\bigg|_{x=x_0}, \quad \frac{df(x)}{dx}\bigg|_{x=x_0}.$$

令 $\Delta x = x-x_0$，$\Delta y = f(x_0+\Delta x)-f(x_0)$，则式(2.1.1)可写为

$$\lim_{\Delta x \to 0} \frac{\Delta y}{\Delta x} = \lim_{\Delta x \to 0} \frac{f(x_0+\Delta x)-f(x_0)}{\Delta x} = f'(x_0). \qquad (2.1.2)$$

如果式(2.1.1)或式(2.1.2)的极限不存在，我们就说函数 $f(x)$ 在点 x_0 处不可导.

如果函数 $y=f(x)$ 在开区间 I 内的每点处都可导，就称函数 $f(x)$ 在开区间 I 内可导. 此时，对于任一 $x \in I$，都对应着 $f(x)$ 的一个确定的导数值. 这样就构成了一个新的函数，这个函数叫作原来函数 $y=f(x)$ 的导函数，记作

$$y', f'(x), \frac{dy}{dx} 或 \frac{df(x)}{dx}.$$

导函数 $f'(x)$ 简称导数，$f'(x_0)$ 就是导函数 $f'(x)$ 在点 $x=x_0$ 处的函数值，即

$$f'(x_0) = f'(x)\big|_{x=x_0}.$$

例 2.1.1　求函数 $f(x)=C$（C 为常数）的导数.

解　$f'(x) = \lim\limits_{\Delta x \to 0} \dfrac{f(x+\Delta x)-f(x)}{\Delta x} = \lim\limits_{\Delta x \to 0} \dfrac{C-C}{\Delta x} = 0.$

即
$$C' = 0.$$

例 2.1.2 求函数 $y = x^3$ 在点 $x = 1$ 的导数.

解 根据导数的定义得

$$f'(1) = \lim_{\Delta x \to 0} \frac{(1+\Delta x)^3 - 1^3}{\Delta x} = \lim_{\Delta x \to 0} \frac{1+3\Delta x+3(\Delta x)^2+(\Delta x)^3-1}{\Delta x}$$

$$= \lim_{\Delta x \to 0} [3+3\Delta x+(\Delta x)^2] = 3.$$

例 2.1.3 求函数 $y = \dfrac{1}{x}$ 在点 $x_0 \neq 0$ 的导数.

解 由于

$$\Delta y = \frac{1}{x_0+\Delta x} - \frac{1}{x_0} = \frac{-\Delta x}{x_0(x_0+\Delta x)},$$

而

$$\frac{\Delta y}{\Delta x} = -\frac{1}{x_0(x_0+\Delta x)},$$

所以

$$f'(x_0) = \lim_{\Delta x \to 0} \frac{\Delta y}{\Delta x} = -\frac{1}{x_0^2}.$$

例 2.1.4 求函数 $f(x) = \sin x$ 的导数.

解
$$f'(x) = \lim_{\Delta x \to 0} \frac{f(x+\Delta x)-f(x)}{\Delta x}$$

$$= \lim_{\Delta x \to 0} \frac{\sin(x+\Delta x)-\sin x}{\Delta x}$$

$$= \lim_{\Delta x \to 0} \frac{1}{\Delta x} \cdot 2\cos\left(x+\frac{\Delta x}{2}\right)\sin\frac{\Delta x}{2}$$

$$= \lim_{\Delta x \to 0} \cos\left(x+\frac{\Delta x}{2}\right) \cdot \frac{\sin\dfrac{\Delta x}{2}}{\dfrac{\Delta x}{2}} = \cos x.$$

即

$$(\sin x)' = \cos x.$$

用类似的方法，可求得

$$(\cos x)' = -\sin x.$$

实际上，上述过程用到了和差化积公式. 为方便读者，我们简要证之.

$$\sin(\alpha+\beta) = \sin\alpha\cos\beta + \cos\alpha\sin\beta,$$

$$\sin(\alpha-\beta) = \sin\alpha\cos\beta - \cos\alpha\sin\beta,$$

两式相减得

$$\sin(\alpha+\beta)-\sin(\alpha-\beta)=2\cos\alpha\sin\beta,$$

令 $\alpha+\beta=y$，$\alpha-\beta=z$，有

$$\sin y-\sin z=2\cos\frac{y+z}{2}\sin\frac{y-z}{2}.$$

例 2.1.5 求函数 $f(x)=a^x(a>0,a\neq1)$ 的导数.

解
$$f'(x)=\lim_{\Delta x\to0}\frac{f(x+\Delta x)-f(x)}{\Delta x}$$
$$=\lim_{\Delta x\to0}\frac{a^{x+\Delta x}-a^x}{\Delta x}$$
$$=a^x\lim_{\Delta x\to0}\frac{a^{\Delta x}-1}{\Delta x}$$
$$=a^x\ln a.$$

即

$$(a^x)'=a^x\ln a.$$

特别地，当 $a=e$ 时有

$$(e^x)'=e^x.$$

例 2.1.6 求函数 $f(x)=\log_a x(a>0,a\neq1)$ 的导数.

解
$$f'(x)=\lim_{\Delta x\to0}\frac{f(x+\Delta x)-f(x)}{\Delta x}$$
$$=\lim_{\Delta x\to0}\frac{\log_a(x+\Delta x)-\log_a x}{\Delta x}$$
$$=\lim_{\Delta x\to0}\frac{1}{\Delta x}\log_a\frac{x+\Delta x}{x}$$
$$=\frac{1}{x}\lim_{\Delta x\to0}\frac{x}{\Delta x}\log_a\left(1+\frac{\Delta x}{x}\right)$$
$$=\frac{1}{x}\lim_{\Delta x\to0}\log_a\left(1+\frac{\Delta x}{x}\right)^{\frac{x}{\Delta x}}$$
$$=\frac{1}{x}\log_a e=\frac{1}{x\ln a}.$$

即

$$(\log_a x)'=\frac{1}{x\ln a}.$$

特别地，当 $a=e$ 时有

$$(\ln x)'=\frac{1}{x}.$$

下面我们来看函数不可导的例子.

例 2.1.7　证明函数 $f(x) = \begin{cases} x\sin\dfrac{1}{x}, & x \neq 0, \\ 0, & x = 0 \end{cases}$ 在 $x = 0$ 处不可导.

证　由于

$$\frac{f(x) - f(0)}{x - 0} = \sin\frac{1}{x},$$

当 $x \to 0$ 时 $\sin\dfrac{1}{x}$ 极限不存在，所以 $f(x)$ 在 $x = 0$ 处不可导.

例 2.1.8　已知 $f'(2) = 1$，试求下列极限：

(1) $\lim\limits_{\Delta x \to 0} \dfrac{f(2 - \Delta x) - f(2)}{\Delta x}$;

(2) $\lim\limits_{x \to 0} \dfrac{f(2 + x) - f(2 - x)}{x}$;

(3) $\lim\limits_{\Delta x \to 0} \dfrac{f(2 + \Delta x) - f(2 - 2\Delta x)}{3\Delta x}$.

解　这三个极限在形式上都类似于导数的定义，因此可以通过导数来求解.

(1) $\lim\limits_{\Delta x \to 0} \dfrac{f(2 - \Delta x) - f(2)}{\Delta x} = -\lim\limits_{\Delta x \to 0} \dfrac{f(2 - \Delta x) - f(2)}{-\Delta x} = -f'(2) = -1$;

(2) $\lim\limits_{x \to 0} \dfrac{f(2 + x) - f(2 - x)}{x} = \lim\limits_{x \to 0} \dfrac{f(2 + x) - f(2) + f(2) - f(2 - x)}{x}$

$\qquad = \lim\limits_{x \to 0} \dfrac{f(2 + x) - f(2)}{x} + \lim\limits_{x \to 0} \dfrac{f(2 - x) - f(2)}{-x}$

$\qquad = 2f'(2) = 2$;

(3) $\lim\limits_{\Delta x \to 0} \dfrac{f(2 + \Delta x) - f(2 - 2\Delta x)}{3\Delta x}$

$\qquad = \lim\limits_{\Delta x \to 0} \dfrac{f(2 + \Delta x) - f(2)}{3\Delta x} + \lim\limits_{\Delta x \to 0} \dfrac{f(2) - f(2 - 2\Delta x)}{3\Delta x}$

$\qquad = \dfrac{1}{3}\lim\limits_{\Delta x \to 0} \dfrac{f(2 + \Delta x) - f(2)}{\Delta x} + \dfrac{2}{3}\lim\limits_{\Delta x \to 0} \dfrac{f(2 - 2\Delta x) - f(2)}{-2\Delta x}$

$\qquad = \dfrac{1}{3}f'(2) + \dfrac{2}{3}f'(2) = 1.$

2. 单侧导数

定义 2.1.2　设函数 $y = f(x)$ 在某 $U_+(x_0)$ 内有定义. 若

$$\lim\limits_{x \to x_0^+} \frac{f(x) - f(x_0)}{x - x_0}$$

或

$$\lim_{\Delta x \to 0^+} \frac{f(x_0 + \Delta x) - f(x_0)}{\Delta x}$$

存在，则称这个极限值为函数 $y = f(x)$ 在点 x_0 处的右导数，记为 $f'_+(x_0)$.

设函数 $y = f(x)$ 在某 $U_-(x_0)$ 内有定义. 若

$$\lim_{x \to x_0^-} \frac{f(x) - f(x_0)}{x - x_0}$$

或

$$\lim_{\Delta x \to 0^-} \frac{f(x_0 + \Delta x) - f(x_0)}{\Delta x}$$

存在，则称这个极限值为函数 $y = f(x)$ 在点 x_0 处的左导数，记为 $f'_-(x_0)$.

左、右导数统称为单侧导数.

导数与左右导数有如下关系：

定理 函数 $f(x)$ 在点 x_0 处可导的充分必要条件是左导数和右导数存在且相等.

如果函数 $f(x)$ 在开区间 (a,b) 内可导，且右导数 $f'_+(a)$ 和左导数 $f'_-(b)$ 都存在，就说 $f(x)$ 在闭区间 $[a,b]$ 上可导.

例 2.1.9   证明函数 $f(x) = |x|$ 在 $x = 0$ 处不可导.

证 $f'_-(0) = \lim_{\Delta x \to 0^-} \frac{f(0 + \Delta x) - f(0)}{\Delta x} = \lim_{\Delta x \to 0^-} \frac{|\Delta x|}{\Delta x} = -1$,

$f'_+(0) = \lim_{\Delta x \to 0^+} \frac{f(0 + \Delta x) - f(0)}{\Delta x} = \lim_{\Delta x \to 0^+} \frac{|\Delta x|}{\Delta x} = 1$.

因为 $f'_-(0) \neq f'_+(0)$，所以函数 $f(x) = |x|$ 在 $x = 0$ 处不可导.

例 2.1.10   讨论函数 $f(x) = x^2 \mathrm{sgn} x$ 在 $x = 0$ 处的导数.

解   由于

$$f(x) = x^2 \mathrm{sgn} x = \begin{cases} x^2, & x \geq 0, \\ -x^2, & x < 0, \end{cases}$$

且 $f'_+(0) = \lim_{x \to 0^+} \frac{x^2 - 0}{x - 0} = 0$, $f'_-(0) = \lim_{x \to 0^-} \frac{-x^2 - 0}{x - 0} = \lim_{x \to 0^-} \frac{-x^2}{x} = 0$,

由上述定理得 $f'(0) = 0$.

2.1.3 导数的几何意义

函数 $y = f(x)$ 在点 x_0 处的导数 $f'(x_0)$ 在几何上表示曲线 $y = f(x)$

在点 $M(x_0,f(x_0))$ 处切线的斜率.

如果 $y=f(x)$ 在点 x_0 处的导数为无穷大,那么这时曲线 $y=f(x)$ 在点 $M(x_0,f(x_0))$ 处具有垂直于 x 轴的切线 $x=x_0$.

由直线的点斜式方程可知,曲线 $y=f(x)$ 在点 $M(x_0,y_0)$ 处的切线方程为

$$y-y_0=f'(x_0)(x-x_0).$$

过切点 $M(x_0,y_0)$ 且与切线垂直的直线叫作曲线 $y=f(x)$ 在点 $M(x_0,y_0)$ 处的法线. 如果 $f'(x_0)\neq0$,那么法线的斜率为 $-\dfrac{1}{f'(x_0)}$,从而法线方程为

$$y-y_0=-\frac{1}{f'(x_0)}(x-x_0).$$

例 2.1.11 求 $y=\ln x$ 在点 $P(3,\ln3)$ 处的切线方程与法线方程.

解 由于 $(\ln x)'=\dfrac{1}{x}$,所求切线及法线斜率分别为

$$k_1=\frac{1}{x}\Big|_{x=3}=\frac{1}{3},k_2=-\frac{1}{k_1}=-3.$$

于是所求切线方程为

$$y-\ln3=\frac{1}{3}(x-3),\ 即\ y=\frac{1}{3}x+\ln3-1.$$

所求法线方程为

$$y-\ln3=-3(x-3),\ 即\ y=-3x+\ln3+9.$$

2.1.4 函数的可导性与连续性的关系

设函数 $y=f(x)$ 在点 x_0 处可导,即 $\lim\limits_{\Delta x\to0}\dfrac{\Delta y}{\Delta x}$ 存在且为 $f'(x_0)$. 此时有

$$\lim_{\Delta x\to0}\Delta y=\lim_{\Delta x\to0}\frac{\Delta y}{\Delta x}\cdot\Delta x=\lim_{\Delta x\to0}\frac{\Delta y}{\Delta x}\cdot\lim_{\Delta x\to0}\Delta x=f'(x_0)\times0=0.$$

这就是说,函数 $y=f(x)$ 在点 x_0 处是连续的. 所以,如果函数 $y=f(x)$ 在点 x_0 处可导,则函数在该点必连续. 但是,另一方面,一个函数在某点连续却不一定在该点处可导.

例 2.1.12 函数 $f(x)=\sqrt[3]{x}$ 在区间 $(-\infty,+\infty)$ 内连续,但在点 $x=0$ 处不可导. 这是因为

$$\lim_{\Delta x\to0}\frac{f(0+\Delta x)-f(0)}{\Delta x}=\lim_{\Delta x\to0}\frac{\sqrt[3]{\Delta x}-0}{\Delta x}=+\infty.$$

这说明 $\sqrt[3]{x}$ 在点 $x=0$ 处导数为无穷大,即在点 $x=0$ 处不可导.

例 2.1.13 讨论函数 $f(x)=|x-1|\ln(1+x^2)$ 在 $x=1$ 的连续性与可导性.

解 因为

$$\lim_{x\to 1^-}f(x)=\lim_{x\to 1^-}|x-1|\ln(1+x^2)=\lim_{x\to 1^-}(1-x)\ln(1+x^2)=0,$$

$$\lim_{x\to 1^+}f(x)=\lim_{x\to 1^+}|x-1|\ln(1+x^2)=\lim_{x\to 1^+}(x-1)\ln(1+x^2)=0,$$

且 $f(1)=0$,所以 $f(x)$ 在 $x=1$ 处连续.

又因为

$$\lim_{x\to 1^-}\frac{f(x)-f(1)}{x-1}=\lim_{x\to 1^-}\frac{|x-1|\ln(1+x^2)}{x-1}=\lim_{x\to 1^-}\frac{(1-x)\ln(1+x^2)}{x-1}=-\ln 2,$$

$$\lim_{x\to 1^+}\frac{f(x)-f(1)}{x-1}=\lim_{x\to 1^+}\frac{|x-1|\ln(1+x^2)}{x-1}=\lim_{x\to 1^+}\frac{(x-1)\ln(1+x^2)}{x-1}=\ln 2,$$

因此 $f(x)$ 在 $x=1$ 处不可导.

总结 函数在一点不可导的情况有以下几种:

(1) 函数在该点不连续;

(2) 左、右导数存在但不相等;

(3) 左右导数中至少有一个不存在.

习题 2.1

1. 选择题.

(1) 设 $f(0)=0$,则 $f(x)$ 在 $x=0$ 可导的充要条件为( ).

A. $\lim_{h\to 0}\dfrac{f(1-\cosh)}{h^2}$ 存在

B. $\lim_{h\to 0}\dfrac{f(1-e^h)}{h}$ 存在

C. $\lim_{h\to 0}\dfrac{f(1-\sinh)}{h^2}$ 存在

D. $\lim_{h\to 0}\dfrac{f(2h)-f(h)}{h}$ 存在

(2) 设函数 $f(x)=\begin{cases}\dfrac{2}{3}x^3, & x\leqslant 1,\\ x^2, & x>1,\end{cases}$ 则 $f(x)$ 在 $x=1$ 处的( ).

A. 左、右导数都存在

B. 左导数存在,右导数不存在

C. 左导数不存在,右导数存在

D. 左、右导数都不存在

(3) 设函数 $f(x)=\begin{cases}x^2\sin\dfrac{1}{x}, & x>0,\\ ax+b, & x\leqslant 0,\end{cases}$ 在 $x=0$ 处可导,则 a, b 的值满足( ).

A. $a=0$, $b=0$

B. $a=1$, $b=1$

C. a 为任意常数, $b=0$

D. a 为任意常数, $b=1$

(4) 设函数 $f(x)$ 可导, $F(x)=f(x)(1+|\sin x|)$,则 $f(0)=0$ 是 $F(x)$ 在 $x=0$ 可导的( ).

A. 充分必要条件

B. 充分条件但非必要条件

C. 必要条件但非充分条件

D. 既非充分条件也非必要条件

2. 判断题.

(1) 若 $f(x)$ 在 x_0 处左、右导数都存在,则 $f(x)$ 在 x_0 可导. ( )

(2) 若 $f(x)$, $g(x)$ 均在 x_0 处可导,且 $f'(x_0)=g'(x_0)$,则 $f(x_0)=g(x_0)$. ( )

（3）若 $f(x)$，$g(x)$ 均在 x_0 处可导，且 $f(x_0) = g(x_0)$，则 $f'(x_0) = g'(x_0)$.　　　　　（　　）

（4）若 $x \in (x_0-\delta,\ x_0+\delta)$，$x \neq x_0$ 时 $f(x) = g(x)$，则 $f(x)$ 和 $g(x)$ 在 x_0 处具有相同的可导性.　（　　）

（5）若存在 x_0 的一个邻域 $(x_0-\delta, x_0+\delta)$，使得 $x \in (x_0-\delta, x_0+\delta)$ 时 $f(x) = g(x)$，则 $f(x)$ 和 $g(x)$ 在 x_0 处具有相同的可导性. 若可导，则 $f'(x_0) = g'(x_0)$.
（　　）

3. 计算题.

（1）已知直线运动方程 $s = 3t^2 + 2t + 1$，分别令 $\Delta t = 1,\ 0.1,\ 0.01$，求从 $t = 2$ 至 $t = 2+\Delta t$ 这一段时间内运动的平均速度及 $t = 2$ 时的瞬时速度.

（2）求下列函数的导函数.

1) $f(x) = |x|^3$;　2) $f(x) = \begin{cases} \dfrac{x}{1+\mathrm{e}^{\frac{1}{x}}}, & x \neq 0, \\ 0, & x = 0. \end{cases}$

2.2　函数的求导法则

2.2.1　导数的四则运算

定理 2.2.1　如果函数 $u = u(x)$ 及 $v = v(x)$ 在点 x 可导，那么它们的和、差、积、商（除分母为零的点外）都在点 x 具有导数，并且

$$[u(x) \pm v(x)]' = u'(x) \pm v'(x); \qquad (2.2.1)$$

$$[u(x) \cdot v(x)]' = u'(x)v(x) + u(x)v'(x); \qquad (2.2.2)$$

$$\left[\frac{u(x)}{v(x)}\right]' = \frac{u'(x)v(x) - u(x)v'(x)}{v^2(x)}. \qquad (2.2.3)$$

证　我们只给出式（2.2.3）的证明，前两个的证明比较容易，留给读者作为练习.

$$
\begin{aligned}
\left[\frac{u(x)}{v(x)}\right]' &= \lim_{\Delta x \to 0} \frac{\dfrac{u(x+\Delta x)}{v(x+\Delta x)} - \dfrac{u(x)}{v(x)}}{\Delta x} \\
&= \lim_{\Delta x \to 0} \frac{u(x+\Delta x)v(x) - v(x+\Delta x)u(x)}{v(x+\Delta x)v(x)\Delta x} \\
&= \lim_{\Delta x \to 0} \frac{[u(x+\Delta x) - u(x)]v(x) - [v(x+\Delta x) - v(x)]u(x)}{v(x+\Delta x)v(x)\Delta x} \\
&= \lim_{\Delta x \to 0} \frac{\left[\dfrac{u(x+\Delta x) - u(x)}{\Delta x}\right]v(x) - \left[\dfrac{v(x+\Delta x) - v(x)}{\Delta x}\right]u(x)}{v(x+\Delta x)v(x)} \\
&= \frac{u'(x)v(x) - u(x)v'(x)}{v^2(x)}.
\end{aligned}
$$

推论 1　定理中的式（2.2.1）、式（2.2.2）可推广到任意有限个可导函数的情形.

设 $u=u(x)$、$v=v(x)$、$w=w(x)$ 均可导，则有

$$(u+v+w)'=u'+v'+w'$$
$$(uvw)'=u'vw+v'uw+uvw'.$$

我们只证明乘积的情形. 事实上，根据式(2.2.2)得

$$\begin{aligned}(uvw)'&=[(uv)w]'\\&=(uv)'w+(uv)w'\\&=(u'v+uv')w+(uv)w'\\&=u'vw+v'uw+uvw'.\end{aligned}$$

推论 2   在式(2.2.2)中，如果 $v=C$ (C 为常数)，则有
$$(Cu)'=Cu'.$$

例 2.2.1   设 $f(x)=x^{2017}+2018\sin x$，求 $f'(x)$ 及 $f'(0)$.

解
$$\begin{aligned}f'(x)&=(x^{2017})'+(2018\sin x)'\\&=2017x^{2016}+2018\cos x.\end{aligned}$$

于是
$$f'(0)=2018.$$

例 2.2.2   设 $y=\cos x\ln x$，求 y'.

解
$$y'=-\sin x\ln x+\frac{1}{x}\cos x.$$

例 2.2.3   设 $y=\tan x$，求 y'.

解
$$\begin{aligned}y'=(\tan x)'&=\left(\frac{\sin x}{\cos x}\right)'\\&=\frac{\cos x(\sin x)'-\sin x(\cos x)'}{\cos^2 x}\\&=\frac{\cos^2 x+\sin^2 x}{\cos^2 x}\\&=\frac{1}{\cos^2 x}=\sec^2 x.\end{aligned}$$

即
$$(\tan x)'=\sec^2 x.$$

例 2.2.4   设 $y=\sec x$，求 y'.

解
$$y'=(\sec x)'=\left(\frac{1}{\cos x}\right)'=\frac{(1)'\cos x-1\cdot(\cos x)'}{\cos^2 x}$$
$$=\frac{\sin x}{\cos^2 x}=\sec x\tan x.$$

即
$$(\sec x)'=\sec x\tan x.$$

用同样的方法，还可以求得余切函数及余割函数的导数公式：

$$(\cot x)' = -\csc^2 x, \quad (\csc x)' = -\csc x \cot x.$$

例 2.2.5 求证 $(x^{-n})' = -nx^{-n-1}$.

证 $(x^{-n})' = \left(\dfrac{1}{x^n}\right)' = -\dfrac{(x^n)'}{(x^n)^2} = -\dfrac{nx^{n-1}}{x^{2n}} = -nx^{-n-1}.$

把这个结果与 $(x^n)' = nx^{n-1}$，$(x^0)' = (1)' = 0$ 合并就得到对任何整数 r 都成立的公式

$$(x^r)' = rx^{r-1}.$$

2.2.2 反函数的导数

定理 2.2.2 如果函数 $x = f(y)$ 在某区间 I_y 内单调、可导且 $f'(y) \neq 0$，那么它的反函数 $y = f^{-1}(x)$ 在对应区间 $I_x = \{x : x = f(y), y \in I_y\}$ 内也可导，并且

$$[f^{-1}(x)]' = \frac{1}{f'(y)}$$

或

$$\frac{dy}{dx} = \frac{1}{\dfrac{dx}{dy}}.$$

证 任取 $x \in I_x$，给其增量 $\Delta x \neq 0$ 且 $x + \Delta x \in I_x$，由 $y = f^{-1}(x)$ 的单调性知

$$\Delta y = f^{-1}(x + \Delta x) - f^{-1}(x) \neq 0,$$

所以

$$\frac{\Delta y}{\Delta x} = \frac{1}{\dfrac{\Delta x}{\Delta y}}.$$

因为 $y = f^{-1}(x)$ 连续，所以 $\lim\limits_{\Delta x \to 0} \Delta y = 0$. 于是

$$[f^{-1}(x)]' = \lim_{\Delta x \to 0} \frac{\Delta y}{\Delta x} = \lim_{\Delta y \to 0} \frac{1}{\dfrac{\Delta x}{\Delta y}} = \frac{1}{f'(y)}.$$

上述结论可总结为：反函数的导数等于直接函数导数的倒数.

例 2.2.6 设 $x = \sin y$，$y \in \left(-\dfrac{\pi}{2}, \dfrac{\pi}{2}\right)$ 为直接函数，则 $y = \arcsin x$ 是它的反函数. 函数 $x = \sin y$ 在开区间 $\left(-\dfrac{\pi}{2}, \dfrac{\pi}{2}\right)$ 内单调、可导，且

$$(\sin y)' = \cos y > 0.$$

因此，由反函数的求导法则，在对应区间 $I_x = (-1, 1)$ 内有

$$(\arcsin x)' = \frac{1}{(\sin y)'} = \frac{1}{\cos y} = \frac{1}{\sqrt{1-\sin^2 y}} = \frac{1}{\sqrt{1-x^2}}.$$

类似地，有

$$(\arccos x)' = -\frac{1}{\sqrt{1-x^2}}.$$

例 2.2.7　设 $x = \tan y$，$y \in \left(-\dfrac{\pi}{2}, \dfrac{\pi}{2}\right)$ 为直接函数，则 $y = \arctan x$

是它的反函数. 函数 $x = \tan y$ 在开区间 $\left(-\dfrac{\pi}{2}, \dfrac{\pi}{2}\right)$ 内单调、可导，且

$$(\tan y)' = \sec^2 y > 0.$$

因此，由反函数的求导法则，在对应区间 $I_x = (-\infty, +\infty)$ 内有

$$(\arctan x)' = \frac{1}{(\tan y)'} = \frac{1}{\sec^2 y} = \frac{1}{1+\tan^2 y} = \frac{1}{1+x^2}.$$

类似地，可以得到

$$(\text{arccot} x)' = -\frac{1}{1+x^2}.$$

2.2.3　复合函数的导数

定理 2.2.3　如果 $u = g(x)$ 在点 x 可导，函数 $y = f(u)$ 在点 $u = g(x)$ 可导，那么复合函数 $y = f(g(x))$ 在点 x 可导，且其导数为

$$\frac{dy}{dx} = f'(u) \cdot g'(x),$$

或

$$\frac{dy}{dx} = \frac{dy}{du} \cdot \frac{du}{dx}.$$

例 2.2.8　设 $y = \arctan \dfrac{1}{x}$，求 $y'|_{x=-1}$，$y'|_{x=3}$.

解　函数 $y = \arctan \dfrac{1}{x}$，可以看作函数 $y = \arctan u$ 和 $u = \dfrac{1}{x}$ 的复

合函数，由于 $\dfrac{dy}{du} = \dfrac{1}{1+u^2}$，$\dfrac{du}{dx} = -\dfrac{1}{x^2}$，所以

$$y' = \frac{1}{1+\left(\dfrac{1}{x}\right)^2}\left(-\frac{1}{x^2}\right) = -\frac{1}{1+x^2},$$

分别将 $x = -1$ 和 $x = 3$ 代入后，得到

$$y'\big|_{x=-1}=-\frac{1}{2}, \quad y'\big|_{x=3}=-\frac{1}{10}.$$

例 2.2.9　证明 $(x^a)'=ax^{a-1}$，$x\in(0,+\infty)$.

解　幂函数 $y=x^a$，$x\in(0,+\infty)$，可改写为 $y=e^{a\ln x}$，$x\in(0,+\infty)$，于是我们可以把幂函数看作函数 $y=e^u$，$u\in(-\infty,+\infty)$ 与 $u=a\ln x$，$x\in(0,+\infty)$ 的复合函数. 由于

$$\frac{du}{dx}=(a\ln x)'=a(\ln x)'=\frac{a}{x}, \quad \frac{dy}{du}=(e^u)'=e^u,$$

所以

$$\frac{dy}{dx}=e^u\cdot\frac{a}{x}=e^{a\ln x}\frac{a}{x}=x^a\frac{a}{x}=ax^{a-1},$$

于是得到

$$(x^a)'=ax^{a-1}, \quad x\in(0,+\infty).$$

例 2.2.10　求 $y=\sqrt{1-x^2}$ 的导数.

解　令 $u=1-x^2$ 可得

$$y'=(\sqrt{u})'(1-x^2)'=\frac{1}{2}u^{-\frac{1}{2}}\cdot(-2x)=\frac{-x}{\sqrt{1-x^2}}.$$

例 2.2.11　求 $y=\ln(x+\sqrt{x^2+1})$ 的导数.

解

$$y'=\frac{1}{x+\sqrt{x^2+1}}(x+\sqrt{x^2+1})'$$

$$=\frac{1}{x+\sqrt{x^2+1}}\left[1+\frac{1}{2}(x^2+1)^{-\frac{1}{2}}(x^2+1)'\right]$$

$$=\frac{1}{x+\sqrt{x^2+1}}\left(1+\frac{x}{\sqrt{x^2+1}}\right)$$

$$=\frac{1}{\sqrt{x^2+1}}.$$

例 2.2.12　求下列分段函数的导数：

$$f(x)=\begin{cases}\ln(x^2-3), & x\geqslant 2,\\ 3x^2-8x+4, & x<2.\end{cases}$$

解　$f(x)$ 是一个分段函数，应按 $x<2$，$x>2$ 及 $x=2$ 三种情况分别计算.

（1）当 $x>2$ 时，$f'(x)=[\ln(x^2-3)]'=\dfrac{2x}{x^2-3}$.

（2）当 $x<2$ 时，$f'(x)=(3x^2-8x+4)'=6x-8$.

（3）当 $x=2$ 时，

$$f'_+(2)=\lim_{x\to 2^+}\frac{f(x)-f(2)}{x-2}=\lim_{x\to 2^+}\frac{\ln(x^2-3)-\ln 1}{x-2},$$

$$= \lim_{x \to 2^+} \frac{\ln(1+(x^2-4))}{x^2-4}(x+2) = 4,$$

$$f'_-(2) = \lim_{x \to 2^-} \frac{f(x)-f(2)}{x-2} = 4,$$

$$= \lim_{x \to 2^-} \frac{3x^2-8x+4}{x-2}$$

$$= \lim_{x \to 2^-} \frac{(x-2)(3x-2)}{x-2}.$$

由于 $f'_-(2) = f'_+(2) = 4$，所以 $f'(2) = 4$.

综合得

$$f'(x) = \begin{cases} \dfrac{2x}{x^2-3}, & x \geqslant 2, \\ 6x-8, & x < 2. \end{cases}$$

注 本题 $f'(2)$ 还可以利用导数极限定理来求. 由于函数 $f(x)$ 在 $x=2$ 处连续，

且

$$f'(2+0) = \lim_{x \to 2^+} f'(x) = \lim_{x \to 2^+} \frac{2x}{x^2-3} = 4,$$

$$f'(2-0) = \lim_{x \to 2^-} f'(x) = \lim_{x \to 2^-} (6x-8) = 4,$$

从而由导数极限定理得 $f'(2) = 4$. 可见，这里的计算比前面的过程简单.

注 上述（3）的解题过程中应用了等价无穷小的相关知识，当 $x \to 0$ 时，$\ln(1+x) \sim x$，即

$$\lim_{x \to 0} \frac{\ln(1+x)}{x} = 1.$$

习题 2.2

1. 求下列函数在指定点的导数.

（1）设 $f(x) = \sin x - \cos x$，求 $f'(x)\big|_{x=\frac{\pi}{6}}$，$f'(x)\big|_{x=\frac{\pi}{4}}$；

（2）设 $f(x) = \dfrac{x}{\cos x}$，求 $f'(0)$，$f'(\pi)$.

2. 求下列函数的导数.

（1）$y = x^4 + 3x - 6$；　（2）$y = 2x^{\frac{3}{2}} + 3x^{\frac{5}{3}} - 6x$；

（3）$y = \dfrac{a-x}{a+x}$；　（4）$y = \dfrac{x}{m} + \dfrac{m}{x}$；

（5）$y = x\sin x + \cos x$；　（6）$y = x\tan x - \cot x$；

（7）$y = e^x \cos x$；　（8）$y = \dfrac{x}{4^x}$；

（9）$y = x^3 \log_3 x$；　（10）$y = \dfrac{1+\ln x}{1-\ln x}$；

（11）$y = x^2 \arcsin x$；　（12）$y = \arctan x^2$.

3. 设 $f(x) = \sqrt[3]{x^2}\sin x$，求导数 $f'(x)$.

4. 设函数 $f(x)$ 和 $g(x)$ 均在 x_0 的某邻域内有定义，$f(x)$ 在 x_0 处可导，且 $f(x_0) = 0$，$g(x)$ 在 x_0 处连续，讨论 $f(x)g(x)$ 在 x_0 的可导性.

2.3 高阶导数

一般地，函数 $y=f(x)$ 的导数 $y'=f'(x)$ 仍然是关于 x 的函数. 我们把 $y'=f'(x)$ 的导数叫作函数 $y=f(x)$ 的二阶导数，记作 y''、$f''(x)$ 或 $\dfrac{\mathrm{d}^2 y}{\mathrm{d}x^2}$. 即

$$y''=(y')', \quad f''(x)=[f'(x)]', \quad \frac{\mathrm{d}^2 y}{\mathrm{d}x^2}=\frac{\mathrm{d}}{\mathrm{d}x}\left(\frac{\mathrm{d}y}{\mathrm{d}x}\right).$$

相应地，把 $y=f(x)$ 的导数 $f'(x)$ 叫作函数 $y=f(x)$ 的一阶导数，并简称为导数. 类似地，二阶导数的导数叫作三阶导数，三阶导数的导数叫作四阶导数，以此类推，一般地，$(n-1)$ 阶导数的导数叫作 n 阶导数，分别记作

$$y''', \quad y^{(4)}, \quad \cdots, \quad y^{(n)} \quad \text{或} \quad \frac{\mathrm{d}^3 y}{\mathrm{d}x^3}, \frac{\mathrm{d}^4 y}{\mathrm{d}x^4}, \cdots, \frac{\mathrm{d}^n y}{\mathrm{d}x^n}.$$

函数 $f(x)$ 具有 n 阶导数，也常说成函数 $f(x)$ n 阶可导. 如果函数 $f(x)$ 在点 x 处具有 n 阶导数，那么函数 $f(x)$ 在某 $U(x)$ 内必定具有一切低于 n 阶的导数. 二阶及二阶以上的导数统称为高阶导数.

例 2.3.1 求幂函数 $y=x^n$（n 是正整数）的各阶导数.

解
$$y'=nx^{n-1},$$
$$y''=n(n-1)x^{n-2},$$
$$y'''=n(n-1)(n-2)x^{n-3},$$

一般地，可得
$$y^{(n-1)}=n(n-1)(n-2)\cdots 2x,$$
$$y^{(n)}=n(n-1)(n-2)\cdots 2=n!,$$
$$y^{(n+1)}=y^{(n+2)}=\cdots=0.$$

例 2.3.2 求正弦函数 $y=\sin x$ 的 n 阶导数.

解
$$y'=\cos x=\sin\left(x+\frac{\pi}{2}\right),$$
$$y''=\cos\left(x+\frac{\pi}{2}\right)=\sin\left(x+\frac{\pi}{2}+\frac{\pi}{2}\right)=\sin\left(x+2\cdot\frac{\pi}{2}\right),$$
$$y'''=\cos\left(x+2\cdot\frac{\pi}{2}\right)=\sin\left(x+2\cdot\frac{\pi}{2}+\frac{\pi}{2}\right)=\sin\left(x+3\cdot\frac{\pi}{2}\right),$$

一般地，可得
$$y^{(n)}=\sin\left(x+n\cdot\frac{\pi}{2}\right),$$

即

$$(\sin x)^{(n)} = \sin\left(x + n \cdot \frac{\pi}{2}\right).$$

例 2.3.3 求函数 $y = e^x$ 的 n 阶导数.

解 $y' = e^x$, $y'' = e^x$, $y''' = e^x$, $y^{(4)} = e^x$.

一般地，可得

$$y^{(n)} = e^x,$$

即

$$(e^x)^{(n)} = e^x.$$

如果函数 $u = u(x)$ 及 $v = v(x)$ 都在点 x 处具有 n 阶导数，那么用数学归纳法可以证明

$$(uv)^{(n)} = \sum_{k=0}^{n} C_n^k u^{(n-k)} v^{(k)}.$$

其中，$u^{(0)} = u$, $v^{(0)} = v$. 这一公式称为莱布尼茨公式.

例 2.3.4 设 $y = e^x \cos x$ 求 $y^{(5)}$.

解 应用莱布尼茨公式，由于 $u(x) = e^x$, $v(x) = \cos x$, 有

$$u^{(n)} = e^x, \quad v^{(n)} = \cos\left(x + \frac{n}{2}\pi\right),$$

故

$$y^{(5)} = e^x \cos x + 5e^x \cos\left(x + \frac{1}{2}\pi\right) + 10e^x \cos\left(x + \frac{2}{2}\pi\right) +$$

$$10e^x \cos\left(x + \frac{3}{2}\pi\right) + 5e^x \cos\left(x + \frac{4}{2}\pi\right) +$$

$$e^x \cos\left(x + \frac{5}{2}\pi\right)$$

$$= 4e^x (\sin x - \cos x).$$

例 2.3.5 设 $g(x)$ 在 $[0, +\infty)$ 上有二阶导函数，试问当 a, b, c 为何值时，函数 $f(x) = \begin{cases} g(x), & x \geq 0, \\ ax^2 + bx + c, & x < 0 \end{cases}$ 在 $x=0$ 处有二阶导数 $f''(0)$?

解 由于 $g(x)$ 在 $[0, +\infty)$ 上有二阶导函数，所以 $g(x)$, $g'(x)$ 在 $x=0$ 处右连续，且存在二阶右导数 $g_+''(0)$. 又因为 $f(x)$ 在 $x=0$ 处有二阶导数，所以 $f(x)$ 与 $f'(x)$ 在 $x=0$ 处连续，从而有

$$f(0) = \lim_{x \to 0^+} f(0) = \lim_{x \to 0^+} g(x) = g(0),$$

$$f'(0) = \lim_{x \to 0^+} f'(x) = \lim_{x \to 0^+} g'(x) = g_+'(0).$$

于是

$$c = \lim_{x \to 0^-} (ax^2 + bx + c) = \lim_{x \to 0^-} f(x) = f(0-0) = f(0) = g(0),$$

$$b = \lim_{x \to 0^-} (2ax + b) = \lim_{x \to 0^-} f'(x) = f'(0-0) = f'(0) = g_+'(0).$$

由于 $f(x)$ 在 $x=0$ 处二阶可导，所以 $f''_+(0)=f''_-(0)=f''(0)$. 而

$$f''_+(0)=\lim_{x\to 0^+}\frac{f'(x)-f'(0)}{x-0}=\lim_{x\to 0^+}\frac{g'(x)-g'(0)}{x}=g''_+(0),$$

$$f''_-(0)=\lim_{x\to 0^-}\frac{f'(x)-f'(0)}{x-0}=\lim_{x\to 0^-}\frac{(2ax+b)-f'(0)}{x-0}=2a,$$

这里 $f'(0)=(2ax+b)\big|_{x=0}=b$. 由此可得 $a=\dfrac{g''_+(0)}{2}$. 于是得

$$a=\frac{g''_+(0)}{2},\ b=g'_+(0),\ c=g(0).$$

习题 2.3

1. 求下列函数的二阶导数.

（1）$y=2x^2+\ln x$；　　（2）$y=e^{\sqrt{x}}+e^{-\sqrt{x}}$；

（3）$y=\sin ax+\cos bx$；　（4）$y=\ln(x+\sqrt{1+x^2})$.

2. 求下列函数的 n 阶导数.

（1）$y=\ln x$；　　　　（2）$y=a^x(a>0,\ a\neq 1)$；

（3）$y=\dfrac{1}{x(1-x)}$；　　（4）$y=\dfrac{\ln x}{x}$.

3. 已知函数 $y=e^x\cos x$，求 $y^{(4)}$.

4. 设函数 $z=g(y)$，$y=f(x)$ 都存在二阶导数，求复合函数 $z=g(f(x))$ 的二阶导数.

5. 研究函数 $f(x)=|x^3|$ 在 $x=0$ 处的各阶导数.

6. 设 $f(x)=\arctan x$，求 $f^{(n)}(0)$.

2.4 隐函数的导数、对数求导法

2.4.1 隐函数的导数

前面我们遇到的函数都可以表示成 $y=f(x)$ 的形式，这类函数的自变量都在等号的右边，因变量都在等号的左边. 形如 $y=f(x)$ 的函数称为显函数. 例如 $y=x^2$，$y=\sin x$ 等. 但有时函数的自变量 x 与因变量 y 的函数关系是以方程 $F(x,y)=0$ 的形式表现的，当变量 x 在某区间内取值时，变量 y 总有确定的值可以与之对应. 这样的函数称为隐函数. 如 $x^3+y^3-1=0$.

把一个隐函数化成显函数，叫作隐函数的显化. 例如从方程 $x^3+y^3-1=0$ 解出 $y=\sqrt[3]{1-x^3}$ 就是将隐函数化成了显函数. 求隐函数的导数时，一种直接的想法是先把隐函数显化然后再求导，但需要注意的是，隐函数的显化有时是有困难的，甚至是不可能的. 例如 $y\cos x-\sin(x-y)=0$. 但在实际问题中，我们又不可避免地需要计算隐函数的导数，因此需要有一种不管隐函数是否能够显化，都能可以直接计算出它所确定的隐函数的导数. 下面我们将以具

体例子来说明隐函数的求导方法.

例 2.4.1　求由方程 $e^y + y\sin x + \cos 2020 = 0$ 所确定的隐函数的导数 $\dfrac{\mathrm{d}y}{\mathrm{d}x}$.

解　在方程的两边分别对 x 求导数，注意到 $y = y(x)$ 得

$$e^y \frac{\mathrm{d}y}{\mathrm{d}x} + \left[\frac{\mathrm{d}y}{\mathrm{d}x}\sin x + y\cos x\right] = 0,$$

从而有

$$\frac{\mathrm{d}y}{\mathrm{d}x} = -\frac{y\cos x}{e^y + \sin x},$$

其中 $e^y + \sin x \neq 0$.

从本例题中可以看出隐函数求导的基本思想是：把方程 $F(x,y) = 0$ 中的 y 当作中间变量来看待，即 y 是 x 的函数 $y(x)$，再按照复合函数的求导法则计算，最后解出 $\dfrac{\mathrm{d}y}{\mathrm{d}x}$.

例 2.4.2　求由方程 $xy + \ln y = 1$ 所确定的隐函数 $y = f(x)$ 在 $x = 1$ 处的导数 $y'|_{x=1}$.

解　方程两边分别对 x 求导，注意到 $y = y(x)$ 得

$$y + xy' + \frac{1}{y}y' = 0,$$

解得

$$y' = -\frac{y^2}{xy + 1}.$$

因为当 $x = 1$ 时，从原方程得 $y = 1$，所以

$$y'|_{x=1} = -\frac{1^2}{1 \times 1 + 1} = -\frac{1}{2}.$$

例 2.4.3　求由方程 $y = 1 + xe^y$ 所确定的隐函数的二阶导数 $\dfrac{\mathrm{d}^2 y}{\mathrm{d}x^2}$.

解　在方程的两边分别对 x 求导得

$$\frac{\mathrm{d}y}{\mathrm{d}x} = e^y + xe^y\frac{\mathrm{d}y}{\mathrm{d}x},$$

于是

$$\frac{\mathrm{d}y}{\mathrm{d}x} = \frac{e^y}{1 - xe^y}.$$

上式两边再对 x 求导，得

$$\frac{\mathrm{d}^2 y}{\mathrm{d}x^2} = \frac{e^y\dfrac{\mathrm{d}y}{\mathrm{d}x} \cdot (1 - xe^y) + e^y\left(e^y + xe^y\dfrac{\mathrm{d}y}{\mathrm{d}x}\right)}{(1 - xe^y)^2}$$

$$= \frac{2e^{2y} - xe^{3y}}{(1 - xe^y)^3}.$$

2.4.2 对数求导法

对某些类型函数的求导可先两边取对数，然后再求导，这可使对积商的导数运算转化为和差的导数运算. 例如：

例 2.4.4 求 $y = \dfrac{(x+5)^2(x-4)^{\frac{1}{3}}}{(x+2)^5(x+4)^{\frac{1}{2}}}$ 的导数.

解 先对函数的两边取对数，得

$$\ln y = 2\ln(x+5) + \frac{1}{3}\ln(x-4) - 5\ln(x+2) - \frac{1}{2}\ln(x+4),$$

然后在上式两边对 x 求导，得

$$\frac{1}{y}y' = \frac{2}{x+5} + \frac{1}{3}\frac{1}{x-4} - \frac{5}{x+2} - \frac{1}{2}\frac{1}{x+4},$$

整理得到

$$y' = \frac{(x+5)^2(x-4)^{\frac{1}{3}}}{(x+2)^5(x+4)^{\frac{1}{2}}}\left(\frac{2}{x+5} + \frac{1}{3(x-4)} - \frac{5}{x+2} - \frac{1}{2(x+4)}\right).$$

这种求导数的方法称为对数求导法.

对数求导法还适用于求幂指函数 $y = [u(x)]^{v(x)}$ 的导数.

例 2.4.5 求 $y = x^x(x>0)$ 的导数.

解法 1 在方程两边取对数得

$$\ln y = x\ln x.$$

上式两边对 x 求导，注意到 $y = y(x)$，得

$$\frac{1}{y} \cdot \frac{dy}{dx} = \ln x + x \cdot \frac{1}{x},$$

于是

$$\frac{dy}{dx} = y(\ln x + 1) = x^x(\ln x + 1).$$

解法 2 将幂指函数写成如下复合函数：

$$y = x^x = e^{\ln x^x} = e^{x\ln x}.$$

于是根据复合函数的求导法则可得

$$y' = e^{x\ln x}(x\ln x)' = x^x(\ln x + 1).$$

注 对于一般形式的幂指函数

$$y = u^v(u>0),$$

如果 $u = u(x)$，$v = v(x)$ 都可导，则两边取对数得

$$\ln y = v\ln u,$$

在上式两边对 x 求导，注意到 $u = u(x)$，$v = v(x)$，$y = y(x)$，得

$$\frac{1}{y}y' = v'\ln u + v \cdot \frac{1}{u}u',$$

于是

$$y' = y\left(v'\ln u + v \cdot \frac{u'}{u}\right) = u^v\left(v'\ln u + v \cdot \frac{u'}{u}\right).$$

习题 2.4

1. 求下列方程所确定的隐函数的导数 $\dfrac{\mathrm{d}y}{\mathrm{d}x}$.

（1）$y^2 - 2xy + 9 = 0$；　（2）$x^3 + y^3 - 3xy = 0$；

（3）$xy = \mathrm{e}^{x+y}$；　　（4）$x^y = y^x$.

2. 求下列方程所确定的隐函数的二阶导数 $\dfrac{\mathrm{d}^2 y}{\mathrm{d}x^2}$.

（1）$x^2 - y^2 = 1$；

（2）$y = \tan(x+y)$；

（3）$x - y + \dfrac{1}{2}\cos y = 0$.

3. 利用对数求导法求函数 $y = x^{\sin x}\ (x>0)$ 的导数.

2.5　函数的微分

2.5.1　微分的概念

引例　设一个正方形的边长为 x，则相应地，其面积为
$$S = x^2,$$
这是关于 x 的函数.

若其边长由 x_0 增加到 $x_0 + \Delta x$，则此正方形的面积增量为
$$\begin{aligned}\Delta S &= (x_0 + \Delta x)^2 - x_0^2 \\ &= 2x_0\Delta x + (\Delta x)^2.\end{aligned}$$

几何意义：$2x_0\Delta x$ 表示两个长为 x_0、宽为 Δx 的长方形面积；$(\Delta x)^2$ 表示边长为 Δx 的正方形的面积.

数学意义：面积增量 ΔS 由两部分组成，$2x_0\Delta x$ 是 Δx 的线性函数，它是 ΔS 的主要部分，可以近似地代替 ΔS. 由此产生的误差为 $(\Delta x)^2$，并且当 $x \to 0$ 时，$(\Delta x)^2$ 是比 Δx 高阶的无穷小量，即 $(\Delta x)^2 = o(\Delta x)$.

抛开上述例子的实际背景，即得到微分的定义.

定义　设函数 $y = f(x)$ 在某 $U(x_0)$ 内有定义. 当给 x_0 一个增量 Δx，且 $x_0 + \Delta x \in U(x_0)$ 时，相应得到函数的增量为
$$\Delta y = f(x_0 + \Delta x) - f(x_0).$$
如果存在不依赖于 Δx 的常数 A，使得 Δy 可以表示为
$$\Delta y = A\Delta x + o(\Delta x),\quad \Delta x \to 0,$$
那么称函数 $f(x)$ 在点 x_0 处是可微的，而 $A\Delta x$ 叫作函数 $y = f(x)$

在点 x_0 的微分,记作

$$\mathrm{d}y\,\big|_{x=x_0}=A\Delta x \quad 或 \quad \mathrm{d}f(x)\,\big|_{x=x_0}=A\Delta x.$$

2.5.2 函数可微的条件

定理 2.5.1 函数 $f(x)$ 在点 x_0 可微的充分必要条件是函数 $f(x)$ 在点 x_0 可导,且当函数 $f(x)$ 在点 x_0 可微时,其微分一定是 $\mathrm{d}y=f'(x_0)\Delta x$.

证 (必要性) 若 $f(x)$ 在点 x_0 可微,则

$$\Delta y=A\Delta x+o(\Delta x).$$

当 $\Delta x\neq 0$ 时,

$$\frac{\Delta y}{\Delta x}=A+\frac{o(\Delta x)}{\Delta x}.$$

注意到高阶无穷小以及导数的定义,取极限有

$$\lim_{\Delta x\to 0}\frac{\Delta y}{\Delta x}=f'(x_0)=A.$$

(充分性) 若 $f(x)$ 在点 x_0 可导,则

$$\lim_{\Delta x\to 0}\frac{\Delta y}{\Delta x}=f'(x_0)$$

$$\Rightarrow \frac{\Delta y}{\Delta x}-f'(x_0)=\alpha$$

$$\Rightarrow \Delta y=f'(x_0)\Delta x+\alpha\Delta x.$$

其中 $\lim\limits_{\Delta x\to 0}\alpha=0$,$f'(x_0)$ 不依赖于 Δx,$\alpha\Delta x=o(\Delta x)$. 这表明函数的增量 Δy 可以表示为 Δx 的线性部分与较 Δx 高阶的无穷小量之和,即 $f(x)$ 在点 x_0 可微.

当 $f'(x_0)\neq 0$ 时,

$$\lim_{\Delta x\to 0}\frac{\Delta y}{\mathrm{d}y}=\lim_{\Delta x\to 0}\frac{\Delta y}{f'(x_0)\Delta x}=\frac{1}{f'(x_0)}\lim_{\Delta x\to 0}\frac{\Delta y}{\Delta x}=1.$$

也就是说,当 $\Delta x\to 0$ 时,$\Delta y\sim \mathrm{d}y$. 这说明微分 $\mathrm{d}y$ 可以近似代替函数增量 Δy.

若函数 $y=f(x)$ 在区间 I 上每一点都可微,则称 f 为 I 上的可微函数,记作 $\mathrm{d}y$ 或 $\mathrm{d}f(x)$,即

$$\mathrm{d}y=f'(x)\Delta x.$$

例如,

$$\mathrm{d}(x^3)=3x^2\Delta x;\quad \mathrm{d}(\arctan x)=\frac{1}{1+x^2}\Delta x.$$

特别地,当 $y=x$ 时,$\mathrm{d}x=(x)'\Delta x=\Delta x$,所以通常把自变量 x 的

增量 Δx 称为自变量的微分，记作 dx，即 $dx = \Delta x$. 于是函数 $y = f(x)$ 的微分又可记作

$$dy = f'(x)dx.$$

从而有 $\dfrac{dy}{dx} = f'(x)$. 这就是说，函数的微分 dy 与自变量的微分 dx 之商等于该函数的导数. 因此，导数也叫作"微商". 故由求导法则很容易得到微分法则

下面给出微分运算法则.

（1）$d[u(x) \pm v(x)] = du(x) \pm dv(x)$；

（2）$d[u(x)v(x)] = v(x)du(x) + u(x)dv(x)$；

（3）$d\left(\dfrac{u(x)}{v(x)}\right) = \dfrac{v(x)du(x) - u(x)dv(x)}{v^2(x)}$；

（4）$d[f(g(x))] = f'(u)g'(x)dx$，其中 $u = g(x)$.

由 $du = g'(x)dx$ 得 $dy = f'(u)du$. 由此可见，不管 u 是自变量，还是中间变量，微分形式 $dy = f'(u)du$ 保持不变，这一性质称为微分的形式不变性.

另外，从函数微分的表达式 $dy = f'(x)dx$ 可以看出，要计算函数的微分，只要计算函数的导数，然后再乘以自变量的微分 dx 即可.

例 2.5.1 求 $y = x^2 \ln(x^2) + \cos x$ 的微分.

解
$$
\begin{aligned}
dy &= d(x^2 \ln x^2) + d(\cos x) \\
&= 2x \ln x^2 dx + 2x dx - \sin x dx \\
&= (2x \ln x^2 + 2x - \sin x)dx.
\end{aligned}
$$

例 2.5.2 求 $y = e^{\sin(ax+b)}$ 的微分.

解
$$
\begin{aligned}
dy &= e^{\sin(ax+b)} d(\sin(ax+b)) \\
&= e^{\sin(ax+b)} \cos(ax+b) d(ax+b) \\
&= a e^{\sin(ax+b)} \cos(ax+b) dx.
\end{aligned}
$$

例 2.5.3 设 $y = \sin(2017x + 100)$，求 dy.

解 由复合函数的求导法则可得

$$\frac{dy}{dx} = \cos(2017x + 100)2017,$$

所以

$$dy = 2017\cos(2017x + 100)dx.$$

2.5.3 高阶微分

类似于高阶导数，我们可以定义函数 $y = f(x)$ 的高阶微分，设自变量的增量仍为 dx，对于固定的 dx，一阶微分 $dy = f'(x)dx$ 可看作 x 的函数，于是再对 x 求微分就得到

$$d(dy)=d(f'(x)dx)=f''(x)(dx)^2=f''(x)dx^2,$$

我们称它为函数 $y=f(x)$ 的二阶微分，并记作

$$d^2y=f''(x)dx^2.$$

一般地，n 阶微分定义为 $n-1$ 阶微分的微分，记作 d^ny，即

$$d^ny=d(d^{(n-1)}y)=f^{(n)}(x)dx^n.$$

当把它写作 $\dfrac{d^ny}{dx^n}=f^{(n)}(x)$ 时，就和 n 阶导数的记法一致.

一阶微分具有形式不变性，对于高阶微分已不具备这个性质了. 以二阶微分为例，设 $y=f(x)$，当 x 为自变量时，上面已经看到

$$dy=f'(x)dx,$$

$$d^2y=f''(x)dx^2.$$

但当 $y=f(x)$，$x=\varphi(t)$ 时，$y=f(\varphi(t))$ 作为 t 的一阶微分为 $dy=f'(x)dx$，此处 $dx=\varphi(t)dt$ 是 t 的函数，因此再求关于 t 的微分，就有

$$\begin{aligned}d^2y&=d(f'(x)dx)=d(f'(x))\cdot dx+f'(x)\cdot d(dx)\\&=f''(x)dx\cdot dx+f'(x)d^2x\\&=f''(x)dx^2+f'(x)d^2x.\end{aligned}$$

比 $d^2y=f''(x)dx^2$ 增加了一项，这说明二阶微分已不具有形式不变性.

2.5.4　微分在近似计算中的应用

由增量与微分的关系

$$\Delta y=f'(x_0)\Delta x+o(\Delta x)=dy+o(\Delta x),$$

当 Δx 很小时有

$$f(x_0+\Delta x)-f(x_0)\approx dy=f'(x_0)\Delta x,$$

即

$$f(x_0+\Delta x)\approx f(x_0)+f'(x_0)\Delta x.$$

如果 $f(x_0)$ 与 $f'(x_0)$ 都容易计算，那么可利用上式来近似计算 $f(x_0+\Delta x)$. 设函数 $f(x)$ 分别为 $\sin x$，$\tan x$，$\ln(1+x)$，e^x，则由 $f(x_0+\Delta x)\approx f(x_0)+f'(x_0)\Delta x$ 可得它们在 $x_0=0$ 时下的近似公式：

$$\sin\Delta x\approx\Delta x,\tan\Delta x\approx\Delta x,$$

$$\ln(1+\Delta x)\approx\Delta x,e^{\Delta x}\approx1+\Delta x.$$

一般来说，要计算 $f(x)$ 的值，可找一邻近与 x 的值 x_0，使 $f(x_0)$ 与 $f'(x_0)$ 易于计算，然后以 x 代 $f(x_0+\Delta x)\approx f(x_0)+f'(x_0)\Delta x$ 中的 $x_0+\Delta x$ 就得 $f(x)$ 的近似值为 $f(x_0)+f'(x_0)\Delta x$，其中 $\Delta x=x-x_0$.

例 2.5.4　求 $\sqrt{0.97}$ 的近似值.

解　$\sqrt{0.97}$ 是函数 $f(x)=\sqrt{x}$ 在 $x=0.97$ 处的值. 因此，令

$$x_0 = 1, \ x = x_0 + \Delta x = 0.97,$$

即 $\Delta x = -0.03$，于是由 $f(x_0 + \Delta x) \approx f(x_0) + f'(x_0)\Delta x$ 得到

$$\sqrt{0.97} \approx \sqrt{1} + (\sqrt{x})'_{x=1}(-0.03)$$

$$= 1 + \frac{1}{2}(-0.03)$$

$$= 0.985.$$

（在数学用表中查得近似值是 0.9849.）

例 2.5.5　求 sin29° 的近似值.

解　sin29° 是函数 $f(x) = \sin x$ 在 $x = 29°$ 时的值. 而 sin30° 是容易计算的，因此令

$$x_0 = 30° = \frac{\pi}{6}, x = x_0 + \Delta x = 29°, \Delta x \approx -0.0175\text{rad},$$

于是由 $f(x_0 + \Delta x) \approx f(x_0) + f'(x_0)\Delta x$ 得到

$$\sin 29° \approx \sin\left(\frac{\pi}{6} - 0.0175\right) \approx \sin\frac{\pi}{6} + \left(\cos\frac{\pi}{6}\right)(-0.0175)$$

$$= \frac{1}{2} - \frac{\sqrt{3}}{2} \times 0.0175 \approx \frac{1}{2} - \frac{1}{2} \times 1.732 \times 0.0175$$

$$= \frac{1}{2} - 0.0151 \approx 0.485.$$

（由数学用表中查出近似值是 0.4848.）

习题 2.5

1. 求下列函数的微分.

(1) $y = x - \frac{1}{2}x^2 + \frac{1}{3}x^3 - \frac{1}{4}x^4$；　(2) $y = x\sin 2x$；

(3) $y = \dfrac{x}{1+x^2}$；　　　　　　(4) $y = \ln^2(1-x)$；

(5) $y = e^{ax}\cos bx$；　　　(6) $y = \arctan\dfrac{1-x^2}{1+x^2}$.

2. 求下列函数在指定点的 Δy 及 $\mathrm{d}y$.

(1) $y = x^2 - x$，在点 $x = 1$；

(2) $y = \sqrt{x+1}$，在点 $x = 0$.

第 2 章总习题

1. 填空题.

(1) 若函数 $f(x)$ 在 $x = 1$ 处的导数存在，则极限

$$\lim_{x \to 0}\frac{f(1+x) + f(1+2\sin x) - 2f(1-3\tan x)}{x} = \underline{\qquad}.$$

(2) 已知 $f(-x) = -f(x)$，且 $f'(-x_0) = k$，则 $f'(x_0) = \underline{\qquad}$.

(3) 设 $f'(0) = 1$，$f(0) = 0$，则 $\lim\limits_{x \to 0}\dfrac{f(1-\cos x)}{\tan x^2} = \underline{\qquad}$.

(4) 设 $\lim\limits_{x \to 0}\dfrac{f(x_0 + k\Delta x) - f(x_0)}{\Delta x} = \dfrac{1}{3}f'(x_0)$，则 $k = \underline{\qquad}$.

(5) 设 $y = \sin x^2$，则 $\dfrac{\mathrm{d}y}{\mathrm{d}(x^3)} = \underline{\qquad}$.

(6) 已知 $\dfrac{\mathrm{d}}{\mathrm{d}x}\left[f\left(\dfrac{1}{x^2}\right)\right] = \dfrac{1}{x}$，则 $f'\left(\dfrac{1}{2}\right) = \underline{\qquad}$.

(7) 设 $f(x)$ 具有任意阶导数，且 $f'(x) = f^3(x)$，

则 $f'''(x)=$ _____.

2. 选择题.

(1) 若极限 $\lim\limits_{h\to 0}\dfrac{f(a-h^2)-f(a+h^2)}{e^{h^2}-1}=A$, 则函数 $f(x)$ 在 $x=a$ 处(　　).

A. 不一定可导

B. 不一定可导, 但 $f'_+(a)=A$

C. 不一定可导, 但 $f'_-(a)=A$

D. 可导, 且 $f'(a)=A$

(2) 设函数 $f(x)=\begin{cases}x^\lambda\sin\dfrac{1}{x^2}, & x\neq 0,\\ 0, & x=0\end{cases}$ 的导函数在 $x=0$ 处连续, 则参数 λ 的值满足(　　).

A. $\lambda>0$　　B. $\lambda>1$　　C. $\lambda>2$　　D. $\lambda>3$

(3) 设 $f'(a)>0$, 则 $\exists\delta>0$, 有(　　).

A. $f(x)\geqslant f(a)(x\in(a-\delta,\,a+\delta))$

B. $f(x)\leqslant f(a)(x\in(a-\delta,\,a+\delta))$

C. $f(x)>f(a)(x\in(a,\,a+\delta))$, $f(x)<f(a)(x\in(a-\delta,\,a))$

D. $f(x)<f(a)(x\in(a,\,a+\delta))$, $f(x)>f(a)(x\in(a-\delta,\,a))$

(4) 设 $f(x)=\begin{cases}\sqrt{x}, & x\geqslant 0,\\ \sqrt{-x}, & x<0,\end{cases}$ 则(　　).

A. $f(x)$ 在 $x=0$ 处不连续

B. $f'(0)$ 存在

C. $f'(0)$ 不存在, 曲线 $y=f(x)$ 在点 $(0,\,0)$ 处不存在切线

D. $f'(0)$ 不存在, 曲线 $y=f(x)$ 在点 $(0,\,0)$ 处有切线

(5) 设 $f(x)$ 在 $(-\infty,\,+\infty)$ 上可导, 则(　　).

A. 当 $\lim\limits_{x\to-\infty}f(x)=-\infty$ 时, 必有 $\lim\limits_{x\to-\infty}f'(x)=-\infty$

B. 当 $\lim\limits_{x\to-\infty}f'(x)=-\infty$ 时, 必有 $\lim\limits_{x\to-\infty}f(x)=-\infty$

C. 当 $\lim\limits_{x\to+\infty}f(x)=+\infty$ 时, 必有 $\lim\limits_{x\to+\infty}f'(x)=+\infty$

D. 当 $\lim\limits_{x\to+\infty}f'(x)=+\infty$ 时, 必有 $\lim\limits_{x\to+\infty}f(x)=+\infty$

(6) 设函数 $f(x)$ 在 $x=a$ 处可导, 则函数 $|f(x)|$ 在 $x=a$ 处不可导的充分条件是(　　).

A. $f(a)=0$, 且 $f'(a)=0$

B. $f(a)=0$, 且 $f'(a)\neq 0$

C. $f(a)>0$, 且 $f'(a)>0$

D. $f(a)<0$, 且 $f'(a)<0$

(7) 设 $f(x)$ 具有任意阶导数, 且 $f'(x)=f^2(x)$, 则当 n 为大于 2 的正整数时, $f(x)$ 的 n 阶导数 $f^{(n)}(x)$ 是(　　).

A. $n![f(x)]^{n+1}$　　　　B. $n[f(x)]^{n+1}$

C. $[f(x)]^{2n}$　　　　　D. $n![f(x)]^{2n}$

(8) 设 $f(x)=3x^2+x^2|x|$, 使 $f^{(n)}(x)$ 存在的最高阶导数 n 为(　　).

A. 0　　　B. 1　　　C. 2　　　D. 3

(9) 设 $f(x)$ 在 $x=a$ 的某个邻域内有定义, 则 $f(x)$ 在 $x=a$ 处可导的一个充分条件是(　　).

A. $\lim\limits_{h\to+\infty}h\left[f\left(a+\dfrac{1}{h}\right)-f(a)\right]$ 存在

B. $\lim\limits_{h\to 0}\dfrac{f(a+2h)-f(a+h)}{h}$ 存在

C. $\lim\limits_{h\to 0}\dfrac{f(a+h)-f(a+h)}{2h}$ 存在

D. $\lim\limits_{h\to 0}\dfrac{f(a)-f(a-h)}{h}$ 存在

(10) 设函数 $y=f(x)$ 在点 $x=x_0$ 处可导, 当自变量 x 由 x_0 增加到 $x_0+\Delta x$ 时, 记 Δy 为 $f(x)$ 的增量, $\mathrm{d}y$ 为 $f(x)$ 的微分, 则 $\lim\limits_{h\to 0}\dfrac{\Delta y-\mathrm{d}y}{\Delta x}$ 等于(　　).

A. -1　　　B. 0　　　C. 1　　　D. ∞

3. 计算题.

(1) $y=\ln[\cos(10+3x^2)]$, 求 $\dfrac{\mathrm{d}y}{\mathrm{d}x}$.

(2) 已知 $\begin{cases}x=e^t\sin t,\\ y=e^t\cos t,\end{cases}$ 求 $\dfrac{\mathrm{d}^2y}{\mathrm{d}x^2}$.

(3) 已知 $f(x)=\dfrac{x^2}{1-x^2}$, 求 $f^{(n)}(0)$.

(4) 已知 $f(x)=\begin{cases}\dfrac{g(x)-\cos x}{x}, & x\neq 0,\\ a, & x=0,\end{cases}$ 其中 $g(x)$ 具有二阶连续可导, 且 $g(0)=1$.

1) 确定 a 的值, 使 $f(x)$ 在点 $x=0$ 连续;

2) 求 $f'(x)$.

第 3 章
微分中值定理和导数的应用

在第 2 章中，我们介绍了导数与微分及其计算方法. 本章将基于微分中值定理进一步讨论微积分在研究函数性态方面的应用.

3.1 微分中值定理

微分中值定理主要讨论怎样由导数 f' 的性质来推断函数 f 的性质. 本节中，我们首先介绍罗尔(Rolle)定理，然后以它为基础推导出拉格朗日(Lagrange)中值定理和柯西(Cauchy)中值定理.

3.1.1 罗尔定理

首先证明费马(Fermat)引理，由费马引理可以推出罗尔定理.

引理 3.1.1 费马引理 设函数 $f(x)$ 在某 $U(x_0)$ 内有定义，并且在 x_0 处可导. 如果对任意的 $x \in U(x_0)$，有
$$f(x) \leqslant f(x_0) \, (\text{或} f(x) \geqslant f(x_0)),$$
那么 $f'(x_0) = 0$.

证 我们只证明 $f(x) \leqslant f(x_0)$ 的情形，另一种情形同理可证.

假设对于 $x_0 + \Delta x \in U(x_0)$，有
$$f(x_0 + \Delta x) \leqslant f(x_0).$$

这样，当 $\Delta x > 0$ 时，
$$\frac{f(x_0 + \Delta x) - f(x_0)}{\Delta x} \leqslant 0,$$

当 $\Delta x < 0$ 时，
$$\frac{f(x_0 + \Delta x) - f(x_0)}{\Delta x} \geqslant 0.$$

由极限的保号性，
$$f'_+(x_0) = \lim_{\Delta x \to 0^+} \frac{f(x_0 + \Delta x) - f(x_0)}{\Delta x} \leqslant 0,$$

$$f'_-(x_0) = \lim_{\Delta x \to 0^-} \frac{f(x_0 + \Delta x) - f(x_0)}{\Delta x} \geq 0.$$

又因为 $f(x)$ 在点 x_0 可导，即

$$f'_+(x_0) = f'_-(x_0) = f'(x_0),$$

所以

$$f'(x_0) = 0.$$

定义 3.1.1　导数等于 0 的点称为函数的驻点（稳定点或临界点）.

定义 3.1.2　设函数 $f(x)$ 在 (a,b) 内有定义，$x_0 \in (a,b)$. 若在某 $\mathring{U}(x_0)$ 有 $f(x) \leq f(x_0)$，则称 $f(x_0)$ 是函数 $f(x)$ 的一个极大值；若在某 $\mathring{U}(x_0)$ 有 $f(x) \geq f(x_0)$，则称 $f(x_0)$ 是函数 $f(x)$ 的一个极小值.

函数的极大值与极小值统称为函数的极值，使函数取得极值的点称为极值点.

有了驻点和极值点的定义后，事实上，费马引理表明了若函数在其极值点处导数存在，则此点必是驻点. 因此，可导函数的极值点一定是驻点，但驻点不一定是极值点，例如 $x = 0$ 是函数 $f(x) = x^3$ 的驻点，但不是极值点.

定理 3.1.1（罗尔定理）　如果函数 $y = f(x)$ 满足：
（1）在闭区间 $[a,b]$ 上连续；
（2）在开区间 (a,b) 内可导；
（3）在区间端点函数值相等，即 $f(a) = f(b)$，
那么至少在一点 $\xi \in (a,b)$，使得
$$f'(\xi) = 0.$$

证　$f(x)$ 在 $[a,b]$ 上连续 $\Rightarrow f(x)$ 在 $[a,b]$ 上必取到最大值 M 和最小值 m.

（1）若 $M = m$，则说明 $f(x) = M$，M 为常数. 此时结论显然成立.

（2）若 $M > m$，则 M，m 至少有一个在 (a,b) 内某点 ξ 处取得，从而 ξ 是 $f(x)$ 的极值点（最值点一定是极值点），根据费马引理得
$$f'(\xi) = 0.$$

罗尔定理的几何意义：在每一点都可导的一段连续曲线上，如果曲线的两端点高度相等，则至少存在一条水平切线.

例 3.1.1　设多项式 $p(x)$ 的导函数 $p'(x)$ 没有实根，试证 $p(x)$ 最多只有一个实根.

证　反证法. 假若 $p(x)$ 至少有两个实根，设为 x_1 和 x_2，且 $x_1<x_2$，由于多项式 $p(x)$ 是处处连续并可导的，又因为

$$p(x_1)=p(x_2),$$

所以多项式函数 $p(x)$ 在 $[x_1,x_2]$ 上满足罗尔定理的条件，从而在 (x_1,x_2) 内至少有一点 ξ，使 $p'(\xi)=0$，这与所设 $p'(x)$ 没有实根矛盾.

3.1.2　拉格朗日中值定理

定理 3.1.2(拉格朗日中值定理)　如果函数 $y=f(x)$ 满足：
(1) 在闭区间 $[a,b]$ 上连续；
(2) 在开区间 (a,b) 内可导，
那么至少在一点 $\xi\in(a,b)$，使得
$$f(b)-f(a)=f'(\xi)(b-a).$$

证　(应用罗尔定理)作辅助函数

$$F(x)=f(x)-f(a)-(x-a)\frac{f(b)-f(a)}{b-a},$$

则 $F(a)=F(b)=0$，且 $F(x)$ 在 $[a,b]$ 上连续，在 (a,b) 内可导. 由罗尔定理，至少存在一点 $\xi\in(a,b)$，使得

$$F'(\xi)=f'(\xi)-\frac{f(b)-f(a)}{b-a}=0.$$

注 1　不难发现，当 $f(a)=f(b)$ 时，拉格朗日中值定理的结论就是罗尔定理的结论.

注 2　$f(b)-f(a)=f'(\xi)(b-a)$ 叫作拉格朗日中值公式. 这个公式对于 $b<a$ 也成立. 拉格朗日中值公式还有其他形式. 设 x 为区间 $[a,b]$ 内一点，$x+\Delta x$ 为这区间内的另一点($\Delta x>0$ 或 $\Delta x<0$)，则在 $[x,x+\Delta x]$($\Delta x>0$) 或 $[x+\Delta x,x]$($\Delta x<0$) 应用拉格朗日中值公式，得

$$f(x+\Delta x)-f(x)=f'(x+\theta\Delta x)\Delta x \quad (0<\theta<1).$$

作为拉格朗日中值定理的应用，我们给出如下推论.

推论 1　如果函数 $f(x)$ 在区间 I 上的导数恒为零，那么 $f(x)$ 在区间 I 上恒为常数.

证　在区间 I 上任取两点 x_1，$x_2(x_1<x_2)$，应用拉格朗日中值定理得

$$f(x_2)-f(x_1)=f'(\xi)(x_2-x_1)(x_1<\xi<x_2).$$

由假定，$f'(\xi)=0$，所以 $f(x_2)-f(x_1)=0$，即

$$f(x_2)=f(x_1).$$

因为 x_1，x_2 是 I 上任意两点，所以上面的等式表明 $f(x)$ 在区间 I 上是一个常数.

例 3.1.2　利用拉格朗日中值定理证明：当 $0<a<b$ 时，$\dfrac{b-a}{b}<$

$\ln\dfrac{b}{a}<\dfrac{b-a}{a}$.

证　设 $f(x)=\ln x$，显然 $f(x)$ 在区间 $[a,b]$ 上满足拉格朗日中值定理的条件，所以至少在一点 $\xi\in(a,b)$，使得

$$f(b)-f(a)=f'(\xi)(b-a),$$

即

$$\ln b-\ln a=\frac{b-a}{\xi},$$

由于

$$\frac{1}{b}<\frac{1}{\xi}<\frac{1}{a},$$

故

$$\frac{b-a}{b}<\frac{b-a}{\xi}<\frac{b-a}{a},$$

即

$$\frac{b-a}{b}<\ln\frac{b}{a}<\frac{b-a}{a}.$$

例 3.1.3　证明 $\arcsin x+\arccos x=\dfrac{\pi}{2}(-1\leqslant x\leqslant 1)$.

证　取函数 $f(x)=\arcsin x+\arccos x$，$x\in[-1,1]$.

$$f'(x)=\frac{1}{\sqrt{1-x^2}}+\frac{-1}{\sqrt{1-x^2}}=0,$$

所以 $f(x)=C$，又 $f(0)=C=\dfrac{\pi}{2}$，这样就有

$$\arcsin x+\arccos x=\frac{\pi}{2}.$$

例 3.1.4　利用拉格朗日中值定理证明：当 x，$y\in(0,1)$ 时，$x^y+y^x>1+xy$.

证　记 $f(x)=x^y$，将 y 看作常数，则 $f(x)$ 是幂函数，在 $[x,1]$ 上满足拉格朗日中值定理的条件，因此至少存在一点 $\xi\in(x,1)$，使得

$$1^y-x^y=y\xi^{y-1}(1-x).$$

由 $x,y\in(0,1)$ 及 $x<\xi$ 可得

$$x^{1-y}<\xi^{1-y},\qquad 即\ x^{y-1}>\xi^{y-1},$$

于是

$$yx^{y-1}(1-x)>y\xi^{y-1}(1-x)=1-x^y,$$

在上式两边同时乘以 x，得

$$yx^y(1-x)>x-x\cdot x^y,$$

整理得

$$x^y>\frac{x}{x+y-xy}.$$

对函数 $g(y)=y^x$ 做类似处理，可得

$$y^x>\frac{y}{x+y-xy}.$$

于是有

$$x^y+y^x>\frac{x+y}{x+y-xy}=1+\frac{xy}{x+y-xy}=1+\frac{xy}{1-(1-x)(1-y)}>1+xy.$$

3.1.3　柯西中值定理

定理 3.1.3（柯西中值定理）　设函数 f 和 F 满足：

(1) 在 $[a,b]$ 上连续；

(2) 在 (a,b) 内可导；

(3) $F'(x)\neq 0$，对任意的 $x\in(a,b)$，

则存在 $\xi\in(a,b)$，使得

$$\frac{f(b)-f(a)}{F(b)-F(a)}=\frac{f'(\xi)}{F'(\xi)}.$$

证　首先说明 $F(b)-F(a)\neq 0$. 我们用反证法. 倘若 $F(b)=F(a)$，根据题意，函数 F 满足罗尔定理的条件，故存在 $\eta\in(a,b)$，使得 $F'(\eta)=0$. 这与条件(3)矛盾.

作辅助函数

$$\varphi(x)=f(x)-f(a)-(F(x)-F(a))\frac{f(b)-f(a)}{F(b)-F(a)},$$

注意到 $\varphi(a)=\varphi(b)=0$，且 $\varphi(x)$ 在 $[a,b]$ 上连续，在 (a,b) 内可导，这样由罗尔定理可得

$$\varphi'(\xi)=f'(\xi)-F'(\xi)\frac{f(b)-f(a)}{F(b)-F(a)}=0.$$

于是有

$$\frac{f(b)-f(a)}{F(b)-F(a)}=\frac{f'(\xi)}{F'(\xi)}.$$

注　取 $F(x)=x$，则柯西中值定理 $\Rightarrow$ 拉格朗日中值定理.

例 3.1.5　设函数 $f(x)$ 在 $[0,1]$ 上连续，在 $(0,1)$ 内可导. 证明：至少存在一点 $\xi \in (0,1)$，使得

$$f'(\xi) = 2\xi[f(1) - f(0)].$$

证　作辅助函数 $g(x) = x^2$，则 $f(x)$，$g(x)$ 在 $[0,1]$ 上满足柯西中值定理的条件，故至少存在一点 $\xi \in (0,1)$，使

$$\frac{f(1) - f(0)}{1^2 - 0^2} = \frac{f'(\xi)}{2\xi},$$

即

$$f'(\xi) = 2\xi[f(1) - f(0)].$$

习题 3.1

1. 判断题.

（1）设函数 $f(x)$ 在点 x_0 的某邻域 $U(x_0)$ 内有定义，若对任意的 $x \in U(x_0)$，有 $f(x) \geqslant f(x_0)$，则 $f'(x_0) = 0$.　　　　　　　　　（　　）

（2）驻点是二阶导数等于零的点.　　（　　）

（3）罗尔定理是拉格朗日中值定理的特例.
　　　　　　　　　　　　　　　　　　（　　）

（4）如果函数 $f(x)$ 在区间 I 上连续，I 内可导且导数恒为零，那么 $f(x)$ 在区间 I 上是一个常数.
　　　　　　　　　　　　　　　　　　（　　）

2. 选择题.

（1）下列条件中（　　）不是罗尔定理的条件.

A. $f(x)$ 在 $[a,b]$ 上连续

B. $f(x)$ 在 $[a,b]$ 上可积

C. $f(x)$ 在 (a,b) 内可导

D. $f(a) = f(b)$

（2）设 $a > b > 0$，$n > 1$，以下结论正确的是（　　）.

A. $nb^{n-1}(a-b) < a^n - b^n < na^{n-1}(a-b)$

B. $nb^{n-1}(a-b) \leqslant a^n - b^n \leqslant na^{n-1}(a-b)$

C. $nb^{n-1}(a-b) > a^n - b^n > na^{n-1}(a-b)$

D. $nb^{n-1}(a-b) \geqslant a^n - b^n \geqslant na^{n-1}(a-b)$

（3）设函数 $f(x) = (x-1)(x-2)(x-3)(x-4)$，则 $f'(x) = 0$ 有（　　）个根.

A. 1　　　B. 2　　　C. 3　　　D. 4

3. 证明题.

（1）设 $a > 0$，证明函数 $f(x) = x^3 + ax + b$ 存在唯一的零点.

（2）证明方程 $4ax^3 + 3bx^2 + 2cx = a + b + c$ 在 $(0,1)$ 内至少有一个实根.

（3）已知函数 $f(x)$ 在 $[0,1]$ 上连续，$(0,1)$ 内可导，且 $f(0) = 0$，$f(1) = 1$. 证明：

1）存在 $\xi \in (0,1)$，使得 $f(\xi) = 1 - \xi$；

2）存在两个不同的点 $\eta, \zeta \in (0,1)$，使得 $f'(\eta) \cdot f'(\zeta) = 1$.

3.2　洛必达（L'Hospital）法则

若两个函数 $f(x)$，$g(x)$ 当 $x \to a$（或 $x \to \infty$）时都是无穷小或都是无穷大，这时极限 $\lim\limits_{\substack{x \to a \\ (x \to \infty)}} \dfrac{f(x)}{g(x)}$ 可能存在，也可能不存在，通常把这种极限叫作 $\dfrac{0}{0}$ 型或 $\dfrac{\infty}{\infty}$ 型不定式.

例如，重要极限 $\lim\limits_{x \to 0} \dfrac{\sin x}{x}$ 就是 $\dfrac{0}{0}$ 型不定式，而 $\lim\limits_{x \to +\infty} \dfrac{\ln x}{x}$ 就是 $\dfrac{\infty}{\infty}$ 型

不定式. 这类极限不能直接运用极限的商的运算法则求得. 本节所给出的洛必达法则是求解这类极限的有力工具.

1. $\dfrac{0}{0}$ 型不定式极限

定理 3.2.1   设函数 $f(x)$，$F(x)$ 满足：

1) $\lim\limits_{x\to a} f(x) = 0$，$\lim\limits_{x\to a} F(x) = 0$；

2) 在点 a 的某去心邻域内，$f'(x)$ 及 $F'(x)$ 都存在且 $F'(x) \neq 0$；

3) $\lim\limits_{x\to a} \dfrac{f'(x)}{F'(x)} = A$，$A$ 可为实数，也可为 $\pm\infty$ 或 ∞，

那么

$$\lim_{x\to a}\frac{f(x)}{F(x)} = \lim_{x\to a}\frac{f'(x)}{F'(x)} = A.$$

证 $\lim\limits_{x\to a}\dfrac{f(x)}{F(x)}$ 与 $F(a)$，$f(a)$ 无关，因此可以假定 $F(a) = f(a) = 0$. 在以 a，x 为端点的区间上应用柯西中值定理

$$\frac{f(x)}{F(x)} = \frac{f(x)-f(a)}{F(x)-F(a)} = \frac{f'(\xi)}{F'(\xi)},$$

其中，ξ 介于 a，x 之间. 注意到 $x\to a$ 时，$\xi\to a$，所以

$$\lim_{x\to a}\frac{f(x)}{F(x)} = \lim_{\xi\to a}\frac{f'(\xi)}{F'(\xi)} = \lim_{x\to a}\frac{f'(x)}{F'(x)} = A.$$

例 3.2.1   求 $\lim\limits_{x\to\pi}\dfrac{1+\cos x}{\tan^2 x}$.

解   容易验证函数 $f(x) = 1+\cos x$ 与 $g(x) = \tan^2 x$ 在点 π 的邻域内满足定理 3.2.1 的条件，又由于

$$\frac{f'(x)}{g'(x)} = \frac{-\sin x}{2\tan x\sec^2 x} = \frac{-\cos^3 x}{2} \to \frac{1}{2}\quad(x\to\pi)$$

故由定理 3.2.1，得

$$\lim_{x\to\pi}\frac{1+\cos x}{\tan^2 x} = \lim_{x\to\pi}\frac{-\sin x}{2\tan x\sec^2 x} = \frac{1}{2}.$$

例 3.2.2   求 $\lim\limits_{x\to\infty}\dfrac{\dfrac{\pi}{2}-\arctan x}{\dfrac{1}{x}}$.

解　注意到所求极限是 $\dfrac{0}{0}$ 型，于是由洛必达法则得

$$\lim_{x\to\infty}\frac{\dfrac{\pi}{2}-\arctan x}{\dfrac{1}{x}}=\lim_{x\to\infty}\frac{\left(\dfrac{\pi}{2}-\arctan x\right)'}{\left(\dfrac{1}{x}\right)'}$$

$$=\lim_{x\to\infty}\frac{-\dfrac{1}{1+x^2}}{-\dfrac{1}{x^2}}=\lim_{x\to\infty}\frac{x^2}{x^2+1}=1.$$

如果当 $x\to x_0$ 时，导函数 $f'(x)$ 与 $g'(x)$ 都趋于 0，那么 $\lim\limits_{x\to x_0}\dfrac{f'(x)}{g'(x)}$ 也是一个不定式. 只要 $f'(x)$，$g'(x)$ 仍满足洛必达法则，就可以再应用一次定理 3.2.1，便有

$$\lim_{x\to x_0}\frac{f'(x)}{g'(x)}=\lim_{x\to x_0}\frac{f''(x)}{g''(x)}.$$

从而有

$$\lim_{x\to x_0}\frac{f(x)}{g(x)}=\lim_{x\to x_0}\frac{f''(x)}{g''(x)}.$$

如果有必要，还可以接连三次、四次甚至 n 次应用洛必达法则.

例 3.2.3　求 $\lim\limits_{x\to 0}\dfrac{e^x-(1+2x)^{\frac{1}{2}}}{\ln(1+x^2)}$.

解　这里

$$f(x)=e^x-(1+2x)^{\frac{1}{2}},\ g(x)=\ln(1+x^2),$$

$$f'(x)=e^x-(1+2x)^{-\frac{1}{2}},\ g'(x)=\frac{2x}{1+x^2},$$

$$f''(x)=e^x+(1+2x)^{-\frac{3}{2}},\ g''(x)=\frac{2(1-x^2)}{(1+x^2)^2},$$

由于　　　　$f(0)=f'(0)=0,\ g(0)=g'(0)=0,$

但　　　　　　$f''(0)=2,\ g''(0)=2,$

所以

$$\lim_{x\to 0}\frac{e^x-(1+2x)^{\frac{1}{2}}}{\ln(1+x^2)}=\lim_{x\to 0}\frac{e^x-(1+2x)^{-\frac{1}{2}}}{\dfrac{2x}{1+x^2}}$$

$$=\lim_{x\to 0}\frac{e^x+(1+2x)^{-\frac{3}{2}}}{\dfrac{2(1-x^2)}{(1+x^2)^2}}=1.$$

例 3.2.4 求 $\lim\limits_{x\to\frac{\pi}{6}}\dfrac{1-2\sin x}{\cos 3x}$.

解 注意到所求极限是 $\dfrac{0}{0}$ 型，运用洛必达法则得

$$\lim_{x\to\frac{\pi}{6}}\frac{1-2\sin x}{\cos 3x}=\lim_{x\to\frac{\pi}{6}}\frac{-2\cos x}{-3\sin 3x}=\frac{-2\cos\dfrac{\pi}{6}}{-3\sin\dfrac{\pi}{2}}=\frac{\sqrt{3}}{3}.$$

例 3.2.5 求 $\lim\limits_{x\to1}\dfrac{x^3-3x+2}{x^3-x^2-x+1}$.

解 注意到所求极限是 $\dfrac{0}{0}$ 型，运用洛必达法则得

$$\lim_{x\to1}\frac{x^3-3x+2}{x^3-x^2-x+1}=\lim_{x\to1}\frac{3x^2-3}{3x^2-2x-1}=\lim_{x\to1}\frac{6x}{6x-2}=\frac{3}{2}.$$

注 1 上式中的 $\lim\limits_{x\to1}\dfrac{6x}{6x-2}$ 已不是不定式，因此不能对它应用洛必达法则. 在使用洛必达法则时应当注意这一点，如果不是不定式极限，就不能应用洛必达法则.

注 2 洛必达法则是求不定式极限的一种有效方法. 但最好能与等价无穷小替代或两个重要极限联合使用. 这样可以使运算简便.

例 3.2.6 求极限 $\lim\limits_{x\to0}\dfrac{\tan x-x}{(e^x-1)\sin^2 x}$.

解 如果直接用洛必达法则，那么分母的导数较为烦琐，尤其是高阶导数. 如果做等价无穷小替代，那么运算就会方便得多. 当 $x\to0$ 时，$e^x-1\sim x$，$\sin^2 x\sim x^2$，于是有

$$\begin{aligned}\lim_{x\to0}\frac{\tan x-x}{(e^x-1)\sin^2 x}&=\lim_{x\to0}\frac{\tan x-x}{x^3}\\&=\lim_{x\to0}\frac{\sec^2 x-1}{3x^2}\\&=\lim_{x\to0}\frac{\tan^2 x}{3x^2}\\&=\frac{1}{3}.\end{aligned}$$

2. $\dfrac{\infty}{\infty}$ 型不定式极限

定理 3.2.2 设函数 $f(x)$，$F(x)$ 满足：

1) $\lim\limits_{x\to a}f(x)=\infty$，$\lim\limits_{x\to a}F(x)=\infty$；

2）在点 a 的某去心邻域内，$f'(x)$ 及 $F'(x)$ 都存在且 $F'(x)\neq0$；

3）$\lim\limits_{x\to a}\dfrac{f'(x)}{F'(x)}=A$，$A$ 可为实数，也可为 $+\infty$、$-\infty$ 或 ∞，那么

$$\lim_{x\to a}\frac{f(x)}{F(x)}=\lim_{x\to a}\frac{f'(x)}{F'(x)}=A.$$

注　如果将定理 3.2.1 和定理 3.2.2 中的 $x\to a$ 换成 $x\to a^+$、$x\to a^-$、$x\to\infty$、$x\to+\infty$、$x\to-\infty$，也有相应的结论.

例 3.2.7　求 $\lim\limits_{x\to\infty}\dfrac{\ln x}{x}$.

解
$$\lim_{x\to\infty}\frac{\ln x}{x}=\lim_{x\to\infty}\frac{(\ln x)'}{x'}=\lim_{x\to\infty}\frac{1}{x}=0.$$

例 3.2.8　求 $\lim\limits_{x\to+\infty}\dfrac{x^3}{e^x}$.

解　多应用洛必达法则可得
$$\lim_{x\to+\infty}\frac{x^3}{e^x}=\lim_{x\to+\infty}\frac{3x^2}{e^x}=\lim_{x\to+\infty}\frac{6x}{e^x}=\lim_{x\to+\infty}\frac{6}{e^x}=0.$$

注　对数函数 $\ln x$、幂函数 $x^n(n>0)$、指数函数 $e^{\lambda x}(\lambda>0)$ 均为当 $x\to+\infty$ 时的无穷大，但用例 3.2.7、例 3.2.8 的方法求极限可以推出，这三个函数增大的"速度"是不一样的. 幂函数增大的"速度"比对数函数快得多，而指数函数增大的"速度"又比幂函数快得多.

3. 其他类型的不定式极限

在求极限时，我们还会遇到 $0\cdot\infty$、$\infty-\infty$、0^0、1^∞、∞^0 型的不定式，可通过简单的恒等变换化为 $\dfrac{0}{0}$ 型或 $\dfrac{\infty}{\infty}$ 型的不定式极限来计算.

例 3.2.9　求 $\lim\limits_{x\to0^+}x\ln x$.

解　这是 $0\cdot\infty$ 型不定式极限. 首先通过 $x\ln x=\dfrac{\ln x}{\dfrac{1}{x}}$ 化为 $\dfrac{\infty}{\infty}$ 型不定式极限，然后应用洛必达法则得

$$\lim_{x\to0^+}x\ln x=\lim_{x\to0^+}\frac{\ln x}{\dfrac{1}{x}}=\lim_{x\to0^+}\frac{\dfrac{1}{x}}{-\dfrac{1}{x^2}}=-\lim_{x\to0^+}x=0.$$

例 3.2.10 求 $\lim\limits_{x\to\frac{\pi}{2}}(\sec x-\tan x)$.

解 这时 $\infty-\infty$ 型不定式，但由 $\sec x-\tan x=\dfrac{1-\sin x}{\cos x}$ 可把原式化

为 $\dfrac{0}{0}$ 型不定式，于是由洛必达法则，得

$$\lim_{x\to\frac{\pi}{2}}(\sec x-\tan x)=\lim_{x\to\frac{\pi}{2}}\frac{1-\sin x}{\cos x}=\lim_{x\to\frac{\pi}{2}}\frac{-\cos x}{-\sin x}=0.$$

例 3.2.11 求 $\lim\limits_{x\to1}\left(\dfrac{1}{\ln x}-\dfrac{1}{x-1}\right)$.

解 这是 $\infty-\infty$ 型不定式极限. 通分后化为 $\dfrac{0}{0}$ 型，然后应用洛

必达法则得

$$\lim_{x\to1}\left(\frac{1}{\ln x}-\frac{1}{x-1}\right)=\lim_{x\to1}\frac{x-1-\ln x}{(x-1)\ln x}=\lim_{x\to1}\frac{1-\dfrac{1}{x}}{\ln x+(x-1)\dfrac{1}{x}}$$

$$=\lim_{x\to1}\frac{x-1}{x-1+x\ln x}$$

$$=\lim_{x\to1}\frac{1}{2+\ln x}=\frac{1}{2}.$$

例 3.2.12 求 $\lim\limits_{x\to0^+}x^x$.

解 这是 0^0 型不定式，由于 $x^x=\mathrm{e}^{x\ln x}$，所以函数 $f(x)=x^x$ 可
看作 $g(u)=\mathrm{e}^u$ 与 $u=h(x)=x\ln x$ 的复合. 由 $g(u)$ 的连续性，只要
$x\to0^+$ 时 $h(x)$ 的极限存在且等于 0，则可得所求函数的极限值为
$g(0)$.

$$\lim_{x\to0^+}x^x=\lim_{x\to0^+}\mathrm{e}^{x\ln x}=\mathrm{e}^{\lim\limits_{x\to0^+}x\ln x}=\mathrm{e}^0=1.$$

例 3.2.13 求 $\lim\limits_{x\to0}(\cos x)^{\frac{1}{x^2}}$.

解 这是一个 1^∞ 型不定式极限. 作恒等变形

$$(\cos x)^{\frac{1}{x^2}}=\mathrm{e}^{\frac{1}{x^2}\ln\cos x},$$

其指数部分 $\dfrac{1}{x^2}\ln\cos x$ 在 $x\to0$ 时是 $\dfrac{0}{0}$ 型不定式，应用洛必达法

则可得

$$\lim_{x\to0}\frac{\ln\cos x}{x^2}=\lim_{x\to0}\frac{-\tan x}{2x}=-\frac{1}{2}.$$

因此
$$\lim_{x\to 0}(\cos x)^{\frac{1}{x^2}}=e^{-\frac{1}{2}}.$$

习题 3.2

1. 判断题.

（1）极限 $\lim\limits_{x\to\infty}\dfrac{x+\sin x}{x}$ 存在.　　　　（　　）

（2）极限 $\lim\limits_{x\to\infty}\dfrac{x+\sin x}{x}$ 可以由洛必达法则求得.

（　　）

（3）$\lim\limits_{x\to 1}\dfrac{x^3-3x+2}{x^3-x^2-x+1}=1.$　　（　　）

（4）$\lim\limits_{x\to\infty}\left(\dfrac{\pi}{2}-\arctan 2x^2\right)x^2=\dfrac{1}{2}.$　（　　）

（5）$\lim\limits_{x\to 1}\left(\dfrac{1}{x-1}-\dfrac{1}{\ln x}\right)=\dfrac{2}{3}.$　（　　）

2. 填空题.

（1）$\lim\limits_{x\to 1}\dfrac{\ln\cos(x-1)}{1-\sin\dfrac{\pi x}{2}}=$ _____.

（2）$\lim\limits_{x\to 0^+}x^{\sin x}=$ _____.

（3）$\lim\limits_{x\to 0}\left(\dfrac{\ln(1+x)^{(1+x)}}{x}-\dfrac{1}{x}\right)=$ _____.

（4）$\lim\limits_{x\to 0}(\tan x)^{\tan 2x}=$ _____.

（5）$\lim\limits_{x\to 0}\left(\cot x-\dfrac{1}{x}\right)=$ _____.

3. 计算题.

（1）$\lim\limits_{x\to 0}\dfrac{x-\sin x}{x^3}$;　　（2）$\lim\limits_{x\to 0}\dfrac{e^x-1}{\sin x}$;

（3）$\lim\limits_{x\to 0}\left(\dfrac{1}{x^2}-\dfrac{1}{\sin^2 x}\right)$;　　（4）$\lim\limits_{x\to 0}(1+x^2)^{\frac{1}{x}}$;

（5）$\lim\limits_{x\to 0^+}\sin x\ln x.$

3.3　函数单调性、曲线的凹凸性与拐点

利用导数工具去判断函数的单调性通常要比用定义判断单调性要简便很多. 另外导数可以研究曲线的凹凸性.

3.3.1　函数单调性的判别法

定理 3.3.1（函数单调性的判定法）　设函数 $y=f(x)$ 在 $[a,b]$ 上连续，在 (a,b) 内可导.

（1）如果在 (a,b) 内 $f'(x)\geqslant 0$，那么函数 $y=f(x)$ 在 $[a,b]$ 上单调增加；

（2）如果在 (a,b) 内 $f'(x)\leqslant 0$，那么函数 $y=f(x)$ 在 $[a,b]$ 上单调减少.

注　该判定法中的闭区间可换成其他类型的区间.

例 3.3.1　判定函数 $y=x+\cos x$ 在 $\left[0,\dfrac{1}{2}\right]$ 上的单调性.

解　因为在 $\left(0,\dfrac{1}{2}\right)$ 内，

$$y' = 1 - \sin x > 0,$$

所以由判定法可知 $y = x + \cos x$ 在 $\left[0, \dfrac{1}{2}\right]$ 上单调增加.

例 3.3.2   讨论函数 $y = e^x - x - 100$ 的单调性.

解   函数 $y = e^x - x - 100$ 的定义域为 $(-\infty, +\infty)$. 且

$$y' = e^x - 1.$$

因为在 $(-\infty, 0)$ 内 $y' < 0$，所以函数 $y = e^x - x - 100$ 在 $(-\infty, 0]$ 上单调减少；因为在 $(0, +\infty)$ 内 $y' > 0$，所以函数 $y = e^x - x - 100$ 在 $[0, +\infty)$ 上单调增加.

如果函数在定义区间上连续，除去有限个导数不存在的点外导数存在且连续，那么只要用方程 $f'(x) = 0$ 的根及导数不存在的点来划分函数 $f(x)$ 的定义区间，就能保证 $f'(x)$ 在各个部分区间内保持固定的符号，因而函数 $f(x)$ 在每个部分区间上单调.

例 3.3.3   确定函数 $f(x) = x^3 - 2x^2 - 4x - 7 = 0$ 的单调区间.

解   这个函数的定义域为 $(-\infty, +\infty)$. 函数的导数为

$$f'(x) = 3x^2 - 4x - 4 = (3x + 2)(x - 2).$$

导数为零的点有两个：

$$x_1 = -\frac{2}{3}, \quad x_2 = 2.$$

列表分析：

x	$\left(-\infty, -\dfrac{2}{3}\right]$	$\left[-\dfrac{2}{3}, 2\right]$	$[2, +\infty)$
$f'(x)$	+	−	+
$f(x)$	↗	↘	↗

这样，函数 $f(x)$ 在区间 $\left(-\infty, -\dfrac{2}{3}\right]$ 和 $[2, +\infty)$ 内单调增加，在区间 $\left[-\dfrac{2}{3}, 2\right]$ 上单调减少.

例 3.3.4   证明当 $x > 1$ 时，$2\sqrt{x} > 3 - \dfrac{1}{x}$.

证   令 $f(x) = 2\sqrt{x} - \left(3 - \dfrac{1}{x}\right)$，则

$$f'(x) = \frac{1}{\sqrt{x}} - \frac{1}{x^2} = \frac{1}{x^2}(x\sqrt{x} - 1).$$

因为当 $x>1$ 时，$f'(x)>0$，因此 $f(x)$ 在 $[1,+\infty)$ 上单调增加，从而当 $x>1$ 时，$f(x)>f(1)$. 由于 $f(1)=0$，故 $f(x)>f(1)=0$，即

$$2\sqrt{x}-\left(3-\frac{1}{x}\right)>0,$$

这样就证明了当 $x>1$ 时

$$2\sqrt{x}>3-\frac{1}{x}.$$

例 3.3.5　证明当 $x>0$ 时，$x>\ln(1+x)$.

证　设 $f(x)=x-\ln(1+x)$，由于当 $x>0$ 时，有

$$f'(x)=1-\frac{1}{1+x}=\frac{x}{1+x}>0,$$

且 $f(x)$ 在 $x=0$ 处连续，所以 $f(x)$ 在 $[0,+\infty)$ 上严格单调递增，从而当 $x>0$ 时，有

$$f(x)=x-\ln(1+x)>f(0)=0,$$

即
$$x>\ln(1+x).$$

3.3.2　曲线的凹凸性与拐点

定义 3.3.1　设函数 $f(x)$ 在区间 I 上连续，如果对 I 上任意两点 x_1，x_2 恒有

$$f\left(\frac{x_1+x_2}{2}\right)<\frac{f(x_1)+f(x_2)}{2},$$

那么称 $f(x)$ 在 I 上的图形是凹的（见图 3.3.1）；如果恒有

$$f\left(\frac{x_1+x_2}{2}\right)>\frac{f(x_1)+f(x_2)}{2},$$

那么称 $f(x)$ 在 I 上的图形是凸的（见图 3.3.2）.

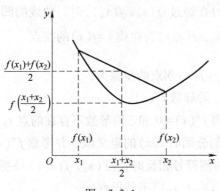

图　3.3.1

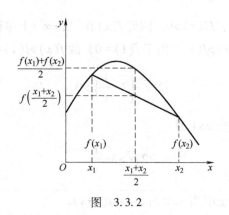

图 3.3.2.

下面介绍凸函数的性质.

(1) 凸函数满足詹森不等式：若 $f(x)$ 为区间 I 上的凸函数，则对满足 $\sum_{i=1}^{n} \lambda_i = 1$ 的任意 $x_i \in I, \lambda_i > 0 (i = 1, 2, \cdots, n)$，都有

$$f\left(\sum_{i=1}^{n} \lambda_i x_i\right) \leqslant \sum_{i=1}^{n} \lambda_i f(x_i).$$

(2) 若 $f(x)$ 为区间 (a, b) 上的凸函数，则 $f(x)$ 在 (a, b) 上连续.

(3) 若 $f(x)$ 为区间 (a, b) 上的凸函数，则 $f(x)$ 在 (a, b) 内任意一点的导数 $f'(x)$ 都存在，且是增函数.

当 $f(x)$ 在区间 I 上具有二阶导数时，我们有：

定理 3.3.2(凹凸性的判定定理)　如果函数 $f(x)$ 在 $[a, b]$ 上连续，且在 (a, b) 内具有一阶和二阶导数，那么，

(1) 若在 (a, b) 内 $f''(x) > 0$，则 $f(x)$ 在 $[a, b]$ 上的图形是凹的；

(2) 若在 (a, b) 内 $f''(x) < 0$，则 $f(x)$ 在 $[a, b]$ 上的图形是凸的.

定义 3.3.2　设函数 $y = f(x)$ 在区间 I 上连续，x_0 是 I 内的点. 如果曲线 $y = f(x)$ 在经过点 $(x_0, f(x_0))$ 时，曲线的凹凸性改变了，那么就称点 $(x_0, f(x_0))$ 为曲线 $y = f(x)$ 的拐点.

确定曲线 $y = f(x)$ 拐点的步骤为：

(1) 求出二阶导数 $f''(x)$；

(2) 求使得 $f''(x) = 0$ 和二阶导数不存在的点 x_0；

(3) 用 x_0 划分函数 $f(x)$ 的定义域，并考察 $f''(x)$ 在 x_0 左右两侧的符号. 当两侧符号相反时，点 $(x_0, f(x_0))$ 是拐点；当两侧符号相同时，点 $(x_0, f(x_0))$ 不是拐点.

例 3.3.6　求曲线 $y=3x^4-4x^3+1$ 的拐点及凹凸区间.

解　（1）$y'=12x^3-12x^2$，$y''=36x^2-24x=36x\left(x-\dfrac{2}{3}\right)$；

（2）解方程 $y''=0$，得 $x_1=0$，$x_2=\dfrac{2}{3}$；

（3）列表判断：

x	$(-\infty,0)$	0	$\left(0,\dfrac{2}{3}\right)$	$\dfrac{2}{3}$	$\left(\dfrac{2}{3},\infty\right)$
$f''(x)$	$+$	0	$-$	0	$+$
$f(x)$	凹	1	凸	$\dfrac{11}{27}$	凹

在区间 $(-\infty,0]$ 和 $\left[\dfrac{2}{3},+\infty\right)$ 上曲线是凹的，在区间 $\left[0,\dfrac{2}{3}\right]$ 上曲线是凸的. 当 $x=0$ 时，$y=1$. 当 $x=\dfrac{2}{3}$ 时，$y=\dfrac{11}{27}$. 所以点 $(0,1)$ 和 $\left(\dfrac{2}{3},\dfrac{11}{27}\right)$ 是曲线的拐点.

习题 3.3

1. 判断题.
（1）$f(x)=e^x-x+1$ 在 $(-\infty,+\infty)$ 上单调递增. （　）
（2）函数的单调性与一阶导数有关系. （　）
（3）函数的凹凸性与二阶导数有关系. （　）
（4）$f(x)=x^4$ 有拐点. （　）

2. 选择题.
（1）设在 $[0,1]$ 上 $f''(x)>0$，以下结论正确的是（　）.

A. $f'(1)>f'(0)>f(1)-f(0)$

B. $f'(1)>f(1)-f(0)>f'(0)$

C. $f(1)-f(0)>f'(1)>f'(0)$

D. $f'(1)>f(0)-f(1)>f'(0)$

（2）设在 $(-\infty,+\infty)$ 内 $f''(x)>0$，$f(0)\le0$，则 $\dfrac{f(x)}{x}$ 为（　）.

A. 在 $(-\infty,0)$ 内单调递减，在 $(0,+\infty)$ 内单调递增.

B. 在 $(-\infty,0)\cup(0,+\infty)$ 内单调递减.

C. 在 $(-\infty,0)$ 内单调递增，在 $(0,+\infty)$ 内单调递减.

D. 在 $(-\infty,0)\cup(0,+\infty)$ 内单调递增.

（3）以下关于 $y=\ln x$ 在 $(0,+\infty)$ 上的凹凸性结论正确的是（　）.

A. $y=\ln x$ 不凹也不凸

B. $y=\ln x$ 既是凹的也是凸的

C. $y=\ln x$ 是凸的

D. $y=\ln x$ 是凹的

（4）$y=x^3$ 共有（　）个拐点.

A. 0　　B. 1　　C. 2　　D. 3

3. 填空题.
（1）若 $y=f(x)$ 在经过点 $(x_0,f(x_0))$ 时，曲线的凹凸性改变了，则称点 $(x_0,f(x_0))$ 为 $y=f(x)$ 的_____.

（2）$y=(x+1)^4+e^x$ 有_____个拐点.

（3）若点 $(x_0,f(x_0))$ 为 $y=f(x)$ 的拐点，则 $f''(x_0)$ 不存在或_____.

（4）$y=\dfrac{1}{1+x^2}$的拐点是_____.

4. 计算题.

（1）求 $y=\ln(x+\sqrt{100+x^2}\,)$ 的单调区间.

（2）判断函数 $y=2x^3-3x^2-36x+25$，并求该函数曲线的拐点.

5. 证明题.

（1）证明：$\sin\pi x\leqslant\dfrac{\pi^2}{2}x(1-x)$；

（2）证明：$\dfrac{e^x+e^y}{2}>e^{\frac{x+y}{2}}(x\neq y)$.

3.4 函数的极值与最值

3.4.1 函数的极值及其判别

函数的极大值和极小值概念是局部性的. 一般地，$f(x_0)$ 若是函数 $f(x)$ 的一个极大值，那只是就 x_0 附近的一个局部范围来说，$f(x_0)$ 是 $f(x)$ 的一个最大值；但是就 $f(x)$ 的整个定义域来说，$f(x_0)$ 不一定是最大值. 关于极小值也类似.

由费马引理可得：

> **定理 3.4.1（必要条件）**　设函数 $f(x)$ 在点 x_0 处可导，且在 x_0 处取得极值，那么这函数在 x_0 处的导数为零，即 $f'(x_0)=0$.

可导函数 $f(x)$ 的极值点必定是该函数的驻点. 但反过来，函数 $f(x)$ 的驻点却不一定是极值点. 例如，$x=0$ 是函数 $f(x)=x^3$ 的驻点，但不是它的极值点. 这样我们只能说函数的驻点**可能是极值点**. 另外，$x=0$ 是函数 $f(x)=|x|$ 的不可导点，但却是该函数的极小值点. 所以**不可导点有可能是极值点**. 我们把驻点和不可导点称为可疑极值点.

下面给出极值的判别定理.

> **定理 3.4.2（极值的第一充分条件）**　设函数 $f(x)$ 在点 x_0 处连续，在某 $\mathring{U}(x_0,\delta)$ 内可导.
>
> （1）若 $x\in(x_0-\delta,x_0)$ 时 $f'(x)>0$，而 $x\in(x_0,x_0+\delta)$ 时 $f'(x)<0$，则函数 $f(x)$ 在 x_0 处取得极大值；
>
> （2）若 $x\in(x_0-\delta,x_0)$ 时 $f'(x)<0$，而 $x\in(x_0,x_0+\delta)$ 时 $f'(x)>0$，则函数 $f(x)$ 在 x_0 处取得极小值；
>
> （3）若 $x\in\mathring{U}(x_0,\delta)$ 时 $f'(x)$ 的符号保持不变，那么函数 $f(x)$ 在 x_0 处没有极值.

定理 3.4.2 也可简单地这样说：当 x 在 x_0 的邻近渐增地经过 x_0

时，如果 $f'(x)$ 的符号由负变正，那么 $f(x)$ 在 x_0 处取得极小值；如果 $f'(x)$ 的符号由正变负，那么 $f(x)$ 在 x_0 处取得极大值；如果 $f'(x)$ 的符号并不改变，那么 $f(x)$ 在 x_0 处没有极值.

确定极值点和极值的步骤为：

（1）求出导数 $f'(x)$；

（2）求出 $f(x)$ 的全部驻点和不可导点；

（3）根据定理 3.4.2 判断是否为驻点和不可导点极值点；

（4）求出函数的极值点处的函数值，即算出极值.

例 3.4.1　求函数 $f(x)=(x-4)\sqrt[3]{(x+1)^2}$ 的极值.

解　（1）$f(x)$ 在 $(-\infty,+\infty)$ 内连续，除 $x=-1$ 外处处可导，且

$$f'(x)=\frac{5(x-1)}{3\sqrt[3]{x+1}};$$

（2）令 $f'(x)=0$，得驻点 $x=1$；又 $x=-1$ 为 $f(x)$ 的不可导点；

（3）列表判断：

x	$(-\infty,-1)$	-1	$(-1,1)$	1	$(1,+\infty)$
$f'(x)$	$+$	不可导	$-$	0	$+$
$f(x)$	↗	0	↘	$-3\sqrt[3]{4}$	↗

（4）极大值为 $f(-1)=0$，极小值为 $f(1)=-3\sqrt[3]{4}$.

定理 3.4.3（极值的第二充分条件）　设函数 $f(x)$ 在点 x_0 处具有二阶导数且 $f'(x_0)=0$，$f''(x_0)\neq0$，那么，

（1）当 $f''(x_0)<0$ 时，函数 $f(x)$ 在点 x_0 处取得极大值；

（2）当 $f''(x_0)>0$ 时，函数 $f(x)$ 在点 x_0 处取得极小值.

证　只证（1）.（2）的证明完全类似.

$$f''(x_0)<0\Rightarrow\lim_{x\to x_0}\frac{f'(x)-f'(x_0)}{x-x_0}<0,$$

函数极限的保号性 ⇒ 存在 x_0 的去心邻域 $\mathring{U}(x_0)$，使得对任意的 $x\in\mathring{U}(x_0)$ 有

$$\frac{f'(x)-f'(x_0)}{x-x_0}<0.$$

另外，注意到 $f'(x_0)=0$，则上式变为

$$\frac{f'(x)}{x-x_0}<0.$$

这说明了当 $x\in\mathring{U}(x_0)$ 时，$f'(x)$ 与 $x-x_0$ 符号相反. 当 $x<x_0$ 时，

$f'(x)>0$；当 $x>x_0$ 时，$f'(x)<0$. 由定理 3.4.2，$f(x)$ 在点 x_0 处取得极大值.

定理 3.4.3 表明，如果函数 $f(x)$ 在驻点 x_0 处的二阶导数 $f''(x_0)\neq0$，那么点 x_0 一定是极值点，并且可以按二阶导数 $f''(x_0)$ 的符号来判定 $f(x_0)$ 是极大值还是极小值. 但如果 $f''(x_0)=0$，就不能确定 x_0 是否是极值点.

例 3.4.2   函数 $f(x)=-x^4$，$g(x)=x^3$ 在点 $x=0$ 是否有极值？

解 $f'(x)=-4x^3$，$f'(0)=0$；$f''(x)=-12x^2$，$f''(0)=0$. 当 $x<0$ 时 $f'(x)>0$，当 $x>0$ 时 $f'(x)<0$，所以 $f(0)$ 为极大值.

$g'(x)=3x^2$，$g'(0)=0$；$g''(x)=6x$，$g''(0)=0$. 但 $g(0)$ 不是极值.

例 3.4.3   求函数 $f(x)=(x^2-1)^3+100$ 的极值.

解   (1) $f'(x)=6x(x^2-1)^2$.

(2) 令 $f'(x)=0$，求得驻点 $x_1=-1$，$x_2=0$，$x_3=1$.

(3) $f''(x)=6(x^2-1)(5x^2-1)$.

(4) 因 $f''(0)=6>0$，所以 $f(x)$ 在 $x=0$ 处取得极小值，极小值为 $f(0)=99$.

(5) 因 $f''(-1)=f''(1)=0$，用定理 3.4.3 无法判别极值点，需用定理 3.4.2. 因为在 -1 的左右邻域内 $f'(x)<0$，所以 $f(x)$ 在 -1 处没有极值；同理，$f(x)$ 在 1 处也没有极值.

例 3.4.4   求 $f(x)=x^2+\dfrac{432}{x}$ 的极值点与极值.

解   当 $x\neq0$ 时，有

$$f'(x)=2x-\frac{432}{x^2},$$

令 $f'(x)=0$，求得驻点 $x=6$，因为

$$f''(6)=\left(2+\frac{864}{x^3}\right)_{x=6}=6>0$$

故 $f(x)$ 在 $x=6$ 处取得极小值 $f(6)=108$.

定理 3.4.4(极值的第三充分条件)   设 $f(x)$ 在点 x_0 的某邻域内存在直到 $n-1$ 阶的导函数，且在点 x_0 处 n 阶可导，$f^{(k)}(x_0)=0(k=1,2,\cdots,n-1)$，$f^{(n)}(x_0)\neq0$，则

(1) 当 n 为偶数时，$f(x)$ 在点 x_0 处取得极值，且当 $f^{(n)}(x_0)<0$ 时取得极大值，$f^{(n)}(x_0)>0$ 时取得极小值.

(2) 当 n 为奇数时，$f(x)$ 在点 x_0 处不取得极值.

3.4.2 最大值最小值问题

在工农业生产、工程技术及科学实验中，常常会遇到这样一类问题：在一定条件下，怎样使"产品最多""用料最省""成本最低""效率最高"等问题，这类问题在数学上有时可归结为求某一函数(通常称为目标函数)的最大值或最小值问题.

由此，我们得到以下定理：

定理 1.9.1 给出了函数在区间上存在最大最小值的充分条件. 其最大值和最小值的求法如下：

设 $f(x)$ 在 (a,b) 内的驻点和不可导点(它们是可能的极值点)为 $x_1,x_2,\cdots,x_n$，则比较

$$f(a),f(x_1),\cdots,f(x_n),f(b)$$

的大小，其中最大的便是函数 $f(x)$ 在 $[a,b]$ 上的最大值，最小的便是函数 $f(x)$ 在 $[a,b]$ 上的最小值.

例 3.4.5 求函数 $f(x)=x^3-3x+2$，$x\in\left[-3,\dfrac{3}{2}\right]$ 的最值.

解 $f'(x)=3(x-1)(x+1)$ 得出驻点

$$x_1=1,x_2=-1,$$

由于 $f(-3)=-16,f(1)=0,f(-1)=4,f\left(\dfrac{3}{2}\right)=\dfrac{7}{8}$，

比较可得 $f(x)$ 在 $x=-1$ 处取得它在区间 $\left[-3,\dfrac{3}{2}\right]$ 上的最大值 4，在 $x=-3$ 处取得它在区间 $\left[-3,\dfrac{3}{2}\right]$ 上的最小值 -16.

例 3.4.6 如图 3.4.1 所示，工厂铁路线上 AB 段的距离为 100km. 工厂 C 距 A 处为 20km，AC 垂直于 AB. 为了运输需要，要在 AB 线上选定一点 D 向工厂修筑一条公路. 已知铁路每千米货运的运费与公路上每千米货运的运费之比为 $3:5$. 为了使货物从供应站 B 运到工厂 C 的运费最省，问点 D 应选在何处？

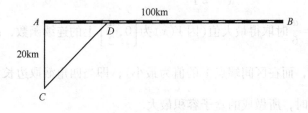

图 3.4.1

解 设 $AD=x(\text{km})$，则

$$DB = 100 - x,$$

$$CD = \sqrt{20^2 + x^2} = \sqrt{400 + x^2}.$$

设从点 B 到点 C 需要的总运费为 y，那么

$$y = 5k \cdot CD + 3k \cdot DB \quad (k \text{ 是某个正数}),$$

即

$$y = 5k\sqrt{400 + x^2} + 3k(100 - x) \quad (0 \leqslant x \leqslant 100).$$

现在，问题就归结为：x 在 $[0, 100]$ 内取何值时目标函数 y 的值最小.

先求 y 对 x 的导数：

$$y' = k\left(\frac{5x}{\sqrt{400 + x^2}} - 3\right).$$

解方程 $y' = 0$，得 $x = 15(\mathrm{km})$.

由于

$$y\big|_{x=0} = 400k, \, y\big|_{x=15} = 380k, \, y\big|_{x=100} = 500k\sqrt{1 + \frac{1}{5^2}},$$

其中以 $y\big|_{x=15} = 380k$ 为最小，因此当 $AD = x = 15\mathrm{km}$ 时，总运费最省.

例 3.4.7   从一块长为 a 的正方形铁皮的四角上截取同样大小的正方形，然后把四边折起来做成一个无盖盒子，问要截取多大的小方块，才能使盒子的容积最大?

解   设截取小正方形的边长为 x，则盒子的容积为

$$V = x(a - 2x)^2, x \in \left[0, \frac{a}{2}\right].$$

问 x 取何值时，V 才能取得最大值. 为此求函数 $V = x(a - 2x)^2$，$x \in \left[0, \frac{a}{2}\right]$ 的导数，即

$$\frac{\mathrm{d}V}{\mathrm{d}x} = a^2 - 8ax + 12x^2,$$

令 $\dfrac{\mathrm{d}V}{\mathrm{d}x} = 0$，求得 x 在 $\left[0, \dfrac{a}{2}\right]$ 内的唯一解(驻点) $x = \dfrac{a}{6}$. 于是函数 V

必在 $x = \dfrac{a}{6}$ 时取得最大值(因 $V(x)$ 为 $\left[0, \dfrac{a}{2}\right]$ 上的连续函数，故必有

最大值，而在区间端点 V 的值为最小)，即当四角截取边长为 $\dfrac{a}{6}$ 的

正方形时，所做成的盒子容积最大.

例 3.4.8   一张高 1.4m 的图片挂在墙上，它的底边高于观察者的眼睛 1.8m，问观察者应站在距墙多远处看图才最清楚?

解　设观察者与墙的距离为 xm，则视角 θ 可表示为 x 的函数，即

$$\theta = \arctan\frac{1.4+1.8}{x}-\arctan\frac{1.8}{x}$$

$$= \arctan\frac{3.2}{x}-\arctan\frac{1.8}{x},\ x\in(0,+\infty).$$

我们知道，观察者距墙太近或太远，看图都不清楚，因此 θ 在 $(0,+\infty)$ 内确实有最大值. 由于

$$\theta' = \frac{3.2}{x^2+3.2^2}-\frac{1.8}{x^2+1.8^2},$$

令 $\theta'=0$，求得函数 θ 在 $(0,+\infty)$ 内唯一驻点 $x=2.4$，根据费马引理，函数 θ 的最大值只可能在 $x=2.4$ 取得，即观察者应站在距墙 2.4m 处看图最清楚.

习题 3.4

1. 判断题.

（1）函数的极大值和极小值的概念不是局部性的. （　）

（2）函数的驻点必是极值点. （　）

（3）函数在它的导数不存在的点处也可能取得极值. （　）

（4）可导函数的极值点必是其驻点. （　）

2. 选择题.

（1）设函数 $f(x)$ 在点 x_0 处可导，且在 x_0 处取得极值，则（　）.

A. $f'(x_0)\neq0$

B. $f'(x_0)=0$

C. $f''(x_0)=0$

D. $f''(x_0)\neq0$

（2）设函数 $f(x)$ 在点 x_0 处二阶可导，且 $f'(x_0)=0$，$f''(x_0)\neq0$，则（　）.

A. 当 $f''(x_0)<0$ 时，函数 $f(x)$ 在点 x_0 处取得极大值

B. 当 $f''(x_0)<0$ 时，函数 $f(x)$ 在点 x_0 处取得极小值

C. 当 $f''(x_0)<0$ 时，函数 $f(x)$ 在点 x_0 处取得最大值

D. 当 $f''(x_0)<0$ 时，函数 $f(x)$ 在点 x_0 处取得最小值

（3）设 $y=x^3+3ax^2+3bx+c$ 在 $x=-1$ 处取得极大值，点 $(0,3)$ 是拐点，则（　）.

A. $a=0,b=-1,c=3$

B. $a=-1,b=0,c=3$

C. $a=3,b=-1,c=0$

D. 以上都错

3. 填空题.

（1）函数的极大值与极小值统称为函数的_____，使函数取得极值的点称为_____.

（2）函数 $f(x)=2x^3-9x^2+12x-3$ 的极大值是_____，极小值是_____.

（3）$f(x)=\arctan x-\frac{1}{2}\ln(1+x^2)$ 的极大值为_____.

（4）函数 $y=\frac{(\ln x)^2}{x}$ 的极大值是_____，极小值是_____.

4. 计算题.

（1）求 $f(x)=2x-\ln(1+x)$ 的极值；

（2）求 $f(x)=2x^3-6x^2-18x-7$ 在 $[1,4]$ 上的最值.

第3章总习题

1. 判断题.

(1) $\arcsin x + \arccos x = \dfrac{\pi}{2}$ ($|x| \leqslant 1$).　（　　）

(2) $\lim\limits_{x \to a} \dfrac{\sin x - \sin a}{x - a} = \sin a$.　（　　）

(3) 函数的凹凸性与三阶导数有关.　（　　）

(4) 极大值就是最大值.　（　　）

2. 选择题.

(1) 设 $f(x) = ax^3 - 6ax^2 + b$ 在 $[-1, 2]$ 上的最大值为3, 最小值为-29, 又知 $a > 0$, 则（　　）.

A. $a = 2$, $b = -29$　　　B. $a = 2$, $b = 3$

C. $a = 3$, $b = 2$　　　D. 以上都不对

(2) 设函数 $y = f(x)$ 在点 x_0 处取得极大值, 则（　　）.

A. $f'(x_0) = 0$

B. $f''(x_0) < 0$

C. $f'(x_0) = 0$ 且 $f''(x_0) < 0$

D. $f'(x_0) = 0$ 或不存在

(3) 设函数 $f(x)$ 在 $x = a$ 处连续, 且满足 $\lim\limits_{x \to a} \dfrac{f(x)}{(x-a)^4} = 2$, 则 $f(x)$ 在 a 处（　　）.

A. 不可导　　　B. 可导且 $f'(a) \neq 0$

C. 有极大值　　　D. 有极小值

(4) 设函数 $f(x)$ 在 (a, b) 内有定义, $x_0 \in (a, b)$, 则以下内容正确的是（　　）.

A. 若 $f(x)$ 在 (a, b) 上单调递增且可导, 则 $f'(x) > 0 (x \in (a, b))$

B. 若 $(x_0, f(x_0))$ 是曲线 $f(x)$ 的拐点, 则 $f''(x_0) = 0$

C. 若 $f'(x_0) = f''(x_0) = 0$, $f'''(x_0) \neq 0$, 则 x_0 一定不是 $f(x)$ 的极值点

D. 以上都错

3. 填空题.

(1) $\lim\limits_{x \to 1} \dfrac{x - x^x}{1 - x + \ln x} = $ _____.

(2) 函数 $f(x) = |x(x^2 - 1)|$ 的极大值是 _____, 极小值是 _____.

4. 计算题.

(1) 将长为 l 的一段铁丝截成两段, 问采用怎样的截法才能使以这两段线为边所组成的矩形的面积最大?

(2) 求 $f(x) = \ln(x^2 + 1)$ 的凹凸区间及拐点.

(3) 有一个无盖的圆柱形容器, 当给定体积为 V 时, 求使容器的表面积为最小时底的半径与容器高的比例.

第 4 章
不定积分

4.1 不定积分的概念与性质

正如加法有它的逆运算减法，乘法有它的逆运算除法，微分法也有它的逆运算——积分法. 我们已经知道，微分法是研究如何从已知函数求出其导数，那么与之相反的问题是：求一个未知函数，使其导函数恰好是某一个已知的函数. 解决这个逆问题不仅是数学理论本身的需要，更主要的原因是它出现在许多实际问题中.

4.1.1 原函数与不定积分的概念及性质

已知某物体的运动瞬时速度 $v = v(t)$，要求物体的运动距离函数 $s = s(t)$，通过第 2 章导数的物理意义知道，$s'(t) = v(t)$，现在的问题就是已知 $v(t)$ 如何确定 $s(t)$. 下面给出原函数的概念.

定义 4.1.1 如果在区间 I 上，可导函数 $F(x)$ 的导函数为 $f(x)$，即对任一 $x \in I$，都有

$$F'(x) = f(x) \quad \text{或} \quad \mathrm{d}F(x) = f(x)\mathrm{d}x, \qquad (4.1.1)$$

那么函数 $F(x)$ 就称为 $f(x)$（或 $f(x)\mathrm{d}x$）在区间 I 上的原函数.

例如，因为 $(x^2)' = 2x$，所以 x^2 是 $2x$ 的原函数. 又因 $(x^2+1)' = 2x$，所以 x^2+1 也是 $2x$ 的原函数. 可以看出原函数不唯一.

又如，当 $x \in (1, +\infty)$ 时，因为 $(\sqrt{x})' = \dfrac{1}{2\sqrt{x}}$，所以 $\sqrt{x}$ 是 $\dfrac{1}{2\sqrt{x}}$ 的原函数.

研究原函数，必须解决的两个重要问题：

1）在什么条件下，一个函数的原函数存在？如果存在，是否只有一个？

2）若已知某函数的原函数存在，怎样把它求出来？

关于第一个问题，我们有下面两个定理.

定理 4.1.1(原函数存在定理)   如果函数 $f(x)$ 在区间 I 上连续，那么在区间 I 内 $f(x)$ 的原函数一定存在，即存在可导函数 $F(x)$，使对任一 $x \in I$ 都有 $F'(x) = f(x)$.

由于初等函数在其有定义的区间上是连续的，因此从定理 4.1.1 可知每个初等函数在其定义区间上都有原函数.

注   并不是每一个定义在区间上的函数都有原函数.

例 4.1.1   举例说明含有第二类间断点的函数可能有原函数，也可能没有原函数.

解   例如

$$F(x) = \begin{cases} x^2 \sin \dfrac{1}{x}, & x \neq 0, \\ 0, & x = 0. \end{cases}$$

$F(x)$ 的导函数为

$$f(x) = F'(x) = \begin{cases} 2x \sin \dfrac{1}{x} - \cos \dfrac{1}{x}, & x \neq 0, \\ \lim\limits_{x \to 0} \dfrac{x^2 \sin \dfrac{1}{x} - 0}{x - 0} = 0, & x = 0, \end{cases}$$

虽然 $f(x)$ 存在第二类间断点 $(x=0)$，但是它有原函数 $F(x)$.

又如，

$$f(x) = \begin{cases} \dfrac{1}{x}, & x \neq 0, \\ 1, & x = 0, \end{cases}$$

$x=0$ 是它的第二类间断点. 如果它有原函数 $F(x)$，则 $F'(x) = f(x)$. 但因 $f(-1) < 0$，$f(1) > 0$，而 $f(x) \neq 0$，这与导函数必定具有介值性相矛盾，所以 $f(x)$ 在 $(-\infty, +\infty)$ 上不具有原函数.

定理 4.1.2   设 $F(x)$ 是 $f(x)$ 在区间 I 上的一个原函数，则
(1) $F(x) + C$ 也是 $f(x)$ 的一个原函数，其中 C 为任意常数；
(2) $f(x)$ 的任意两个原函数之间相差一个常数.

证   先证(1). 因为 $(F(x) + C)' = F'(x) = f(x)$，所以 $F(x) + C$ 也是 $f(x)$ 的一个原函数.

再证(2). 设 $F(x)$ 和 $G(x)$ 是 $f(x)$ 在区间 I 上的任意两个原函数，由于

$$\left[F(x) - G(x) \right]' = F'(x) - G'(x) = f(x) - f(x) \equiv 0,$$

根据拉格朗日中值定理推论 1 有

$$F(x) - G(x) \equiv C,$$

即证.

> **定义 4.1.2**　在区间 I 上，函数 $f(x)$ 的带有任意常数项的原函数 $F(x)+C$ 称为 $f(x)$（或 $f(x)\mathrm{d}x$）在区间 I 上的不定积分，记作
>
> $$\int f(x)\mathrm{d}x, \tag{4.1.2}$$
>
> 即　　　　　　　$$\int f(x)\mathrm{d}x = F(x) + C. \tag{4.1.3}$$
>
> 其中记号 $\int$ 称为积分号；$f(x)$ 称为被积函数；$f(x)\mathrm{d}x$ 称为被积表达式；x 称为积分变量；C 为积分常数.

根据定义 4.1.2，可知不定积分 $\int f(x)\mathrm{d}x$ 可以表示 $f(x)$ 的任意一个原函数，求解不定积分就是找原函数的过程.

例 4.1.2　求 $\int \cos x \mathrm{d}x$.

解　问题等价于求 $\cos x$ 的原函数，因为 $\sin x$ 是 $\cos x$ 的原函数，所以

$$\int \cos x \mathrm{d}x = \sin x + C.$$

例 4.1.3　求 $\int a^x \mathrm{d}x$.

解　因为 $(a^x)' = a^x \ln a$，所以 $\dfrac{1}{\ln a}(a^x)' = a^x$，即

$$\left(\frac{1}{\ln a}a^x\right)' = a^x,$$

所以 $\dfrac{1}{\ln a}a^x$ 是 a^x 的原函数，于是

$$\int a^x \mathrm{d}x = \frac{1}{\ln a}a^x + C.$$

通常我们把函数 $f(x)$ 的原函数的图形称为 $f(x)$ 的积分曲线，它的方程为 $y = F(x)$，所以不定积分 $\int f(x)\mathrm{d}x$ 在几何上的表示就是积分曲线族，它的方程为 $y = F(x)+C$，其中 C 是任意常数. 将 $y = F(x)$ 的图形沿 y 轴方向上下平移，就得到积分曲线族 $y = F(x)+C$ 的图像，每一条曲线在横坐标相同点的切线斜率均相同，即切线均平行，如图 4.1.1 所示.

从不定积分的定义可知，不定积分与导数或微分之间有下述关系：

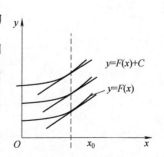

图 4.1.1　积分曲线与
积分曲线族

(1) $\dfrac{\mathrm{d}}{\mathrm{d}x}\left[\int f(x)\,\mathrm{d}x\right]=f(x)$，即 $\left[\int f(x)\,\mathrm{d}x\right]'=f(x)$，

或 $\mathrm{d}\left[\int f(x)\,\mathrm{d}x\right]=f(x)\,\mathrm{d}x$；

(2) $\int F'(x)\,\mathrm{d}x=F(x)+C$，或记作 $\int \mathrm{d}F(x)=F(x)+C$.

例如，$\int \mathrm{d}x=x+C$.

由此可见，微分运算(以记号 d 表示)与求不定积分的运算(简称积分运算，以记号 $\int$ 表示)是互逆的. 当记号 $\int$ 与 d 连在一起时，如果 $\int$ 在 d 前面，则符号相互抵消后，差一个常数；如果 d 在 $\int$ 前面，则符号相互抵消，剩下被积表达式；$\dfrac{\mathrm{d}}{\mathrm{d}x}$ 与 $\int$ 抵消后剩下被积函数.

根据不定积分的定义及其导数的运算法则，可以得到不定积分的性质.

性质 1　设函数 $f(x)$ 及 $g(x)$ 的原函数存在，则

$$\int[f(x)+g(x)]\,\mathrm{d}x=\int f(x)\,\mathrm{d}x+\int g(x)\,\mathrm{d}x. \qquad (4.1.4)$$

该性质可以将两个函数之和推广到多个函数之和，即有限个存在原函数的函数之和的不定积分等于各个函数的不定积分的和.

注　在分项积分后，每个积分的结果都含有任意常数，但由于任意常数之和(差)仍为任意常数，所以只要合并为一个即可.

性质 2　设函数 $f(x)$ 的原函数存在，k 为非零常数，则

$$\int kf(x)\,\mathrm{d}x=k\int f(x)\,\mathrm{d}x\,(k\text{ 是常数},k\neq0). \qquad (4.1.5)$$

该性质说明，求不定积分时，被积函数中不为零的常数因子可以提到积分号外面来.

推论　若 $f_i(x)(i=1,2,\cdots,n)$ 在共同区间 I 上都具有原函数，则它们的线性组合

$$f(x)=\sum_{i=1}^{n}k_if_i(x),$$

在 I 上有原函数，且

$$\int f(x)\,\mathrm{d}x = \sum_{i=1}^{n} k_i \int f_i(x)\,\mathrm{d}x,$$

其中 $k_i(i=1,2,\cdots,n)$ 为常数.

4.1.2　不定积分的基本积分表

利用不定积分与导数运算的关系, 并结合不定积分的性质, 可以归纳出如下积分公式.

(1) $\int k\mathrm{d}x = kx + C(k$ 是常数$)$;

(2) $\int x^{\mu}\mathrm{d}x = \dfrac{1}{\mu+1}x^{\mu+1} + C(\mu \neq -1)$;

(3) $\int \dfrac{1}{x}\mathrm{d}x = \ln|x| + C$;

(4) $\int e^x\mathrm{d}x = e^x + C$;

(5) $\int a^x\mathrm{d}x = \dfrac{a^x}{\ln a} + C$;

(6) $\int \cos x\mathrm{d}x = \sin x + C$;

(7) $\int \sin x\mathrm{d}x = -\cos x + C$;

(8) $\int \dfrac{1}{\cos^2 x}\mathrm{d}x = \int \sec^2 x\mathrm{d}x = \tan x + C$;

(9) $\int \dfrac{1}{\sin^2 x}\mathrm{d}x = \int \csc^2 x\mathrm{d}x = -\cot x + C$;

(10) $\int \dfrac{1}{1+x^2}\mathrm{d}x = \arctan x + C$;

(11) $\int \dfrac{1}{\sqrt{1-x^2}}\mathrm{d}x = \arcsin x + C$;

(12) $\int \sec x\tan x\mathrm{d}x = \sec x + C$;

(13) $\int \csc x\cot x\mathrm{d}x = -\csc x + C$.

在求积分问题中, 有些函数可以直接利用基本公式及不定积分的性质求出结果, 但有些函数需先进行恒等变形, 然后再利用积分基本公式及不定积分的性质求出结果, 这种求不定积分的方法叫作直接积分法.

例 4.1.4 求 $\int \left(10^x + 3\sin x + \sqrt{x}\right) dx$.

解 $\int \left(10^x + 3\sin x + \sqrt{x}\right) dx = \int 10^x dx + \int 3\sin x dx + \int \sqrt{x} dx$

$$= \frac{10^x}{\ln 10} - 3\cos x + \frac{1}{\frac{1}{2}+1} x^{\frac{1}{2}+1} + C$$

$$= \frac{10^x}{\ln 10} - 3\cos x + \frac{2}{3} x^{\frac{3}{2}} + C.$$

例 4.1.5 求 $\int (a^2 - x^2)^2 dx$.

解 $\int (a^2 - x^2)^2 dx = a^4 \int dx - 2a^2 \int x^2 dx + \int x^4 dx$

$$= a^4 x - \frac{2}{3} a^2 x^3 + \frac{1}{5} x^5 + C.$$

对于一般多项式函数

$$p(x) = a_0 + a_1 x + a_2 x^2 + \cdots + a_n x^n$$

的不定积分有

$$\int p(x) dx = C + a_0 x + \frac{a_1}{2} x^2 + \frac{a_2}{3} x^3 + \cdots + \frac{a_n}{n+1} x^{n+1},$$

其中 C 为任意常数.

例 4.1.6 求 $\int \frac{x^4 + 1}{x^2 + 1} dx$.

解 $\int \frac{x^4 + 1}{x^2 + 1} dx = \int \left(x^2 - 1 + \frac{2}{x^2 + 1}\right) dx$

$$= \frac{1}{3} x^3 - x + 2\arctan x + C.$$

习题 4.1

1. 求下列不定积分.

(1) $\int \frac{dx}{x^2}$;

(2) $\int 2x^4 \sqrt[3]{x} dx$;

(3) $\int (x^3 + 2)^2 dx$;

(4) $\int \left(1 - x + x^3 - \frac{1}{\sqrt[3]{x^2}}\right) dx$;

(5) $\int \left(e^x + \frac{5}{x}\right) dx$;

(6) $\int \left(\frac{4}{1+x^2} + \frac{3}{\sqrt{1-x^2}}\right) dx$;

(7) $\int (2^x + 3^x)^2 dx$; (8) $\int e^x \left(2 + \frac{e^{-x}}{\sqrt{x}}\right) dx$;

(9) $\int \tan^2 x dx$; (10) $\int \cos x \cdot \cos 2x dx$.

2. 求下列微分方程满足所给条件的解:

(1) $\frac{dy}{dx} = x^3 + 1$, $y \big|_{x=0} = 1$;

（2）$\dfrac{\mathrm{d}^2 y}{\mathrm{d}x^2}=\dfrac{3}{x^4}$，$\dfrac{\mathrm{d}y}{\mathrm{d}x}\Big|_{x=1}=1$，$y\big|_{x=1}=\dfrac{1}{2}$.

3. 已知曲线 $y=f(x)$ 过点 $(e^3,5)$，且曲线上任

意一点处的切线斜率等于该点横坐标的倒数，求此曲线的方程.

4.2 换元积分法

用直接积分法能计算的不定积分具有局限性，因此，进一步研究不定积分的求法十分有必要. 因为不定积分是导数和微分的逆运算，所以可以从已掌握的求微分的方法入手. 本节将复合函数的求导法则反过来用于不定积分，利用变量代换，推导复合函数的积分法，称为换元积分法. 换元积分法通常分为两类，注意两类换元积分法是同一公式从两个方向的互推，但可以解决不同的不定积分求解问题.

4.2.1 第一类换元法

首先回顾复合函数的微分过程，设 $f(u)$ 有原函数 $F(u)$，其中 $u=\varphi(x)$ 为中间变量，且 $\varphi(x)$ 可微，那么，根据复合函数微分法，有

$$\mathrm{d}F(\varphi(x))=\mathrm{d}F(u)=F'(u)\mathrm{d}u=F'(\varphi(x))\mathrm{d}\varphi(x)=F'(\varphi(x))\varphi'(x)\mathrm{d}x$$

因此
$$\int F'(\varphi(x))\varphi'(x)\mathrm{d}x=\int F'(\varphi(x))\mathrm{d}\varphi(x)$$
$$=\int F'(u)\mathrm{d}u=\int \mathrm{d}F(u)$$
$$=\int \mathrm{d}F(\varphi(x))=F(\varphi(x))+C.$$

即 $\int f(\varphi(x))\varphi'(x)\mathrm{d}x=\int f(\varphi(x))\mathrm{d}\varphi(x)=\left[\int f(u)\mathrm{d}u\right]_{u=\varphi(x)}$
$$=(F(u)+C)_{u=\varphi(x)}=F(\varphi(x))+C.$$

定理 4.2.1 设 $f(u)$ 具有原函数 $F(u)$，$u=\varphi(x)$ 可导，则有换元公式

$$\int f(\varphi(x))\varphi'(x)\mathrm{d}x=\int f(\varphi(x))\mathrm{d}\varphi(x)=\int f(u)\mathrm{d}u$$
$$=F(u)+C=F(\varphi(x))+C. \quad (4.2.1)$$

对于利用定理 4.2.1 求积分 $\int g(x)\mathrm{d}x$ 时，如果函数 $g(x)$ 可以凑成 $g(x)=f(\varphi(x))\varphi'(x)$ 的形式，令 $u=\varphi(x)$ 进行换元，求出 $f(u)$ 的不定积分，再把 $u=\varphi(x)$ 代回，那么

$$\int g(x)\mathrm{d}x=\int f(\varphi(x))\varphi'(x)\mathrm{d}x=\left[\int f(u)\mathrm{d}u\right]_{u=\varphi(x)}$$

这种积分法称为**第一类换元积分法**，由于具体操作时需要凑成复合函数关于中间变量的微分形式，故又称**凑微分法**.

例 4.2.1 求 $\int \sin^3 x \cos x \mathrm{d}x$.

解 令 $u = \sin x, g(u) = u^3$，后者有原函数 $G(u) = \dfrac{1}{4} u^4$，由定理 4.2.1 得到

$$\int \sin^3 x \cos x \mathrm{d}x = \int (\sin x)^3 (\sin x)' \mathrm{d}x = \frac{1}{4} (\sin x)^4 + C.$$

例 4.2.2 求 $\int (2x+1)^5 \mathrm{d}x$.

解 令 $u = 2x+1$，则

$$\mathrm{d}u = 2\mathrm{d}x.$$

$$原式 = \frac{1}{2} \int (2x+1)^5 \mathrm{d}(2x+1)$$

$$= \frac{1}{2} \int u^5 \mathrm{d}u$$

$$= \frac{1}{2} \cdot \frac{1}{6} u^6 + C$$

$$= \frac{1}{12} (2x+1)^6 + C.$$

一般地，对于积分 $\int f(ax+b) \mathrm{d}x$，总可作变换 $u = ax+b$，可把它化为

$$\int f(ax+b) \mathrm{d}x = \int \frac{1}{a} f(ax+b) \mathrm{d}(ax+b) = \frac{1}{a} \left[\int f(u) \mathrm{d}u \right]_{u=ax+b}.$$

凑微分法的关键是把被积表达式分解为两个因子的乘积，其中一个因子凑成 $\mathrm{d}\varphi(x)$，另一个因子变成 $\varphi(x)$ 的函数 $f(\varphi(x))$. 此处要牢记微分公式. 代换比较熟练以后，可不必写出中间变量.

例 4.2.3 求 $\int x \sin x^2 \mathrm{d}x$.

解 $\int x \sin x^2 \mathrm{d}x = \dfrac{1}{2} \int \sin x^2 \mathrm{d}(x^2) = -\dfrac{1}{2} \cos x^2 + C.$

例 4.2.4 求 $\int x^2 \mathrm{e}^{x^3} \mathrm{d}x$.

解 $\int x^2 \mathrm{e}^{x^3} \mathrm{d}x = \dfrac{1}{3} \int \mathrm{e}^{x^3} (x^3)' \mathrm{d}x = \dfrac{1}{3} \int \mathrm{e}^{x^3} \mathrm{d}(x^3) = \dfrac{1}{3} \mathrm{e}^{x^3} + C.$

例 4.2.5 求 $\displaystyle\int \frac{x}{\sqrt{1-x^2}}\mathrm{d}x$.

解 $\displaystyle\int \frac{x}{\sqrt{1-x^2}}\mathrm{d}x = \frac{1}{2}\int \frac{\mathrm{d}x^2}{\sqrt{1-x^2}} = -\frac{1}{2}\int \frac{\mathrm{d}(1-x^2)}{\sqrt{1-x^2}}$

$\displaystyle\qquad = -\frac{1}{2}\int (1-x^2)^{-\frac{1}{2}}\mathrm{d}(1-x^2)$

$\displaystyle\qquad = -\frac{1}{2}\cdot 2(1-x^2)^{\frac{1}{2}} + C = -(1-x^2)^{\frac{1}{2}} + C.$

下面讨论一些被积函数为分式结构的不定积分, 扩充一些不定积分的运算公式.

例 4.2.6 求 $\displaystyle\int \frac{1}{a^2 + b^2x^2}\mathrm{d}x$.

解 $\displaystyle\int \frac{1}{a^2 + b^2x^2}\mathrm{d}x = \frac{1}{a^2}\int \frac{1}{1 + \left(\dfrac{bx}{a}\right)^2}\mathrm{d}x$

$\displaystyle\qquad = \frac{1}{ab}\int \frac{1}{1 + \left(\dfrac{bx}{a}\right)^2}\mathrm{d}\left(\frac{bx}{a}\right)$

$\displaystyle\qquad = \frac{1}{ab}\arctan \frac{bx}{a} + C.$

特别地, 当 $b=1$ 时, $\displaystyle\int \frac{1}{a^2 + x^2}\mathrm{d}x = \frac{1}{a}\arctan \frac{x}{a} + C$,

当 $a=1$, $b=1$ 时, $\displaystyle\int \frac{1}{1 + x^2}\mathrm{d}x = \arctan x + C.$

例 4.2.7 当 $a>0$ 时, 求 $\displaystyle\int \frac{1}{\sqrt{a^2 - b^2x^2}}\mathrm{d}x$.

解 $\displaystyle\int \frac{1}{\sqrt{a^2 - b^2x^2}}\mathrm{d}x = \frac{1}{a}\int \frac{1}{\sqrt{1 - \left(\dfrac{bx}{a}\right)^2}}\mathrm{d}x$

$\displaystyle\qquad = \frac{1}{b}\int \frac{1}{\sqrt{1 - \left(\dfrac{bx}{a}\right)^2}}\mathrm{d}\left(\frac{bx}{a}\right) = \frac{1}{b}\arcsin \frac{bx}{a} + C.$

特别地, 当 $b=1$ 时, $\displaystyle\int \frac{1}{\sqrt{a^2 - x^2}}\mathrm{d}x = \arcsin \frac{x}{a} + C$,

当 $a=1$, $b=1$ 时, $\displaystyle\int \frac{1}{\sqrt{1 - x^2}}\mathrm{d}x = \arcsin x + C.$

例 4.2.8 $\int \dfrac{1}{x^2 - a^2}\mathrm{d}x.$

解 $\int \dfrac{1}{x^2 - a^2}\mathrm{d}x = \dfrac{1}{2a}\int \left(\dfrac{1}{x-a} - \dfrac{1}{x+a} \right) \mathrm{d}x$

$\qquad\qquad\qquad = \dfrac{1}{2a}\left(\int \dfrac{1}{x-a}\mathrm{d}x - \int \dfrac{1}{x+a}\mathrm{d}x \right)$

$\qquad\qquad\qquad = \dfrac{1}{2a}\left[\int \dfrac{1}{x-a}\mathrm{d}(x-a) - \int \dfrac{1}{x+a}\mathrm{d}(x+a) \right]$

$\qquad\qquad\qquad = \dfrac{1}{2a}[\ln|x-a| - \ln|x+a|] + C$

$\qquad\qquad\qquad = \dfrac{1}{2a}\ln\left| \dfrac{x-a}{x+a} \right| + C.$

下面讨论一些被积函数中包含三角函数的不定积分.

例 4.2.9 求 $\int \tan x\mathrm{d}x.$

解 $\int \tan x\mathrm{d}x = \int \dfrac{\sin x}{\cos x}\mathrm{d}x = -\int \dfrac{1}{\cos x}\mathrm{d}(\cos x) = -\ln|\cos x| + C.$

即 $\qquad\qquad\qquad \int \tan x\mathrm{d}x = -\ln|\cos x| + C.$

类似地，可得 $\int \cot x\mathrm{d}x = \ln|\sin x| + C.$

例 4.2.10 求 $\int \sin^5 x\mathrm{d}x.$

解 $\int \sin^5 x\mathrm{d}x = \int \sin^4 x \cdot \sin x\mathrm{d}x = -\int (1 - \cos^2 x)^2 \mathrm{d}(\cos x)$

$\qquad\qquad\qquad = -\int \mathrm{d}(\cos x) + 2\int \cos^2 x\mathrm{d}(\cos x) - \int \cos^4 x\mathrm{d}(\cos x)$

$\qquad\qquad\qquad = -\cos x + \dfrac{2}{3}\cos^3 x - \dfrac{1}{5}\cos^5 x + C.$

例 4.2.11 求 $\int \sin^2 x\cos^3 x\mathrm{d}x.$

解 $\int \sin^2 x\cos^3 x\mathrm{d}x = \int \sin^2 x\cos^2 x\mathrm{d}(\sin x)$

$\qquad\qquad\qquad = \int \sin^2 x(1 - \sin^2 x)\mathrm{d}(\sin x)$

$\qquad\qquad\qquad = \int (\sin^2 x - \sin^4 x)\mathrm{d}(\sin x)$

$\qquad\qquad\qquad = \dfrac{1}{3}\sin^3 x - \dfrac{1}{5}\sin^5 x + C.$

一般地，对于 $\sin^{2k+1} x\cos^n x$ 或 $\sin^n x\cos^{2k+1} x$（其中 $k \in \mathbf{N}$）型函数

的积分，总可依次作变换 $u=\cos x$ 或 $u=\sin x$，求得结果. 其特点是被积函数中均包含 $\sin x$ 或 $\cos x$ 的奇次幂项，将其假设为 u，其余部分可使用三角恒等式 $\sin^2 x+\cos^2 x=1$ 进行变换.

例 4.2.12　求 $\int \sin^2 x \mathrm{d}x$.

解　$\int \sin^2 x \mathrm{d}x = \int \dfrac{1-\cos 2x}{2}\mathrm{d}x = \dfrac{1}{2}\left(\int \mathrm{d}x - \int \cos 2x \mathrm{d}x\right)$

$= \dfrac{1}{2}\int \mathrm{d}x - \dfrac{1}{4}\int \cos 2x \mathrm{d}(2x) = \dfrac{1}{2}x - \dfrac{1}{4}\sin 2x + C.$

例 4.2.13　求 $\int \cos^4 x \mathrm{d}x$.

解　$\int \cos^4 x \mathrm{d}x = \int (\cos^2 x)^2 \mathrm{d}x = \int \left[\dfrac{1}{2}(1+\cos 2x)\right]^2 \mathrm{d}x$

$= \dfrac{1}{4}\int (1+2\cos 2x + \cos^2 2x)\mathrm{d}x$

$= \dfrac{1}{4}\int \left(\dfrac{3}{2} + 2\cos 2x + \dfrac{1}{2}\cos 4x\right)\mathrm{d}x$

$= \dfrac{1}{4}\left(\dfrac{3}{2}x + \sin 2x + \dfrac{1}{8}\sin 4x\right) + C$

$= \dfrac{3}{8}x + \dfrac{1}{4}\sin 2x + \dfrac{1}{32}\sin 4x + C.$

例 4.2.14　求 $\int \sin^2 x\cos^2 x\mathrm{d}x$.

解　$\int \sin^2 x\cos^2 x\mathrm{d}x = \int \sin^2 x(1-\sin^2 x)\mathrm{d}x = \int \sin^2 x\mathrm{d}x - \int \sin^4 x\mathrm{d}x$

$= \dfrac{1}{2}x - \dfrac{1}{4}\sin 2x - \int (\sin^2 x)^2 \mathrm{d}x$

$= \dfrac{1}{2}x - \dfrac{1}{4}\sin 2x - \int \left(\dfrac{1-\cos 2x}{2}\right)^2 \mathrm{d}x$

$= \dfrac{1}{2}x - \dfrac{1}{4}\sin 2x - \dfrac{1}{4}\int (1-2\cos 2x + \cos^2 2x)\mathrm{d}x$

$= \dfrac{1}{2}x - \dfrac{1}{4}\sin 2x - \dfrac{1}{4}x + \dfrac{1}{4}\sin 2x -$

$\dfrac{1}{8}\int (1+\cos 4x)\mathrm{d}x$

$= \dfrac{1}{8}x - \dfrac{1}{32}\sin 4x + C.$

一般地，对于 $\sin^{2k}x\cos^{2l}x$（其中 $k,l \in \mathbf{N}$）型函数的积分，总可

利用三角恒等式：$\sin^2 x = \dfrac{1}{2}(1-\cos 2x)$，$\cos^2 x = \dfrac{1}{2}(1+\cos 2x)$ 化成 $\cos 2x$ 的多项式，变换 $u = \cos 2x$，求得结果.

例 4.2.15　求 $\displaystyle\int \sec^4 x \mathrm{d}x$.

解　$\displaystyle\int \sec^4 x \mathrm{d}x = \int \sec^2 x \sec^2 x \mathrm{d}x = \int \sec^2 x \mathrm{d}(\tan x)$

$$= \int (1 + \tan^2 x)\mathrm{d}(\tan x) = \tan x + \frac{1}{3}\tan^3 x + C.$$

例 4.2.16　求 $\displaystyle\int \tan^3 x \sec x \mathrm{d}x$.

解　$\displaystyle\int \tan^3 x \sec x \mathrm{d}x = \int \tan^2 x \tan x \sec x \mathrm{d}x = \int \tan^2 x \mathrm{d}(\sec x)$

$$= \int (\sec^2 x - 1)\mathrm{d}(\sec x) = \frac{1}{3}\sec^3 x - \sec x + C.$$

例 4.2.17　求 $\displaystyle\int \tan^4 x \sec^6 x \mathrm{d}x$.

解　$\displaystyle\int \tan^4 x \sec^6 x \mathrm{d}x = \int \tan^4 x \sec^4 x \sec^2 x \mathrm{d}x = \int \tan^4 x \sec^4 x \mathrm{d}(\tan x)$

$$= \int \tan^4 x (1 + \tan^2 x)^2 \mathrm{d}(\tan x)$$

$$= \int (\tan^4 x + \tan^8 x + 2\tan^6 x)\mathrm{d}(\tan x)$$

$$= \frac{1}{5}\tan^5 x + \frac{1}{9}\tan^9 x + \frac{2}{7}\tan^7 x + C.$$

一般地，对于 $\tan^n x \sec^{2k} x$ 或 $\tan^{2k-1} x \sec^n x$（其中 $k \in \mathbf{N}_+$）型函数的积分，可依次作变换 $u = \tan x$ 或 $u = \sec x$，利用三角恒等式 $\tan^2 x + 1 = \sec^2 x$，求得结果.

可以看到当被积函数中包含三角函数时，均是采用某些三角函数作为中间变量进行变换，利用三角恒等式变形，再求得积分结果. 除了利用上述三种三角恒等式之外，还有其他的三角关系式可以利用，如半角公式、三角函数"积化和差"公式等.

半角公式如下：$\sin x = 2\sin \dfrac{x}{2}\cos \dfrac{x}{2}$；$\cos x = \cos^2 \dfrac{x}{2} - \sin^2 \dfrac{x}{2}$.

积化和差公式如下：

$$\sin\alpha\cos\beta = \frac{1}{2}[\sin(\alpha+\beta) + \sin(\alpha-\beta)];$$

$$\cos\alpha\sin\beta = \frac{1}{2}[\sin(\alpha+\beta) - \sin(\alpha-\beta)];$$

$$\cos\alpha\cos\beta = \frac{1}{2}\left[\cos(\alpha+\beta) + \cos(\alpha-\beta)\right];$$

$$\sin\alpha\sin\beta = -\frac{1}{2}\left[\cos(\alpha+\beta) - \cos(\alpha-\beta)\right].$$

例 4. 2. 18　　求 $\int\csc x \, \mathrm{d}x$.

解　　$\displaystyle\int\csc x\,\mathrm{d}x = \int\frac{1}{\sin x}\mathrm{d}x = \int\frac{1}{2\sin\dfrac{x}{2}\cos\dfrac{x}{2}}\mathrm{d}x$

$$= \int\frac{\mathrm{d}\left(\dfrac{x}{2}\right)}{\tan\dfrac{x}{2}\cos^2\dfrac{x}{2}} = \int\frac{\mathrm{d}\left(\tan\dfrac{x}{2}\right)}{\tan\dfrac{x}{2}} = \ln\left|\tan\dfrac{x}{2}\right| + C$$

$$= \ln\left|\csc x - \cot x\right| + C.$$

例 4. 2. 19　　求 $\int\sec x \, \mathrm{d}x$.

解法 1　　$\displaystyle\int\sec x\,\mathrm{d}x = \int\csc\left(x + \frac{\pi}{2}\right)\mathrm{d}x$

$$= \ln\left|\csc\left(x + \frac{\pi}{2}\right) - \cot\left(x + \frac{\pi}{2}\right)\right| + C$$

$$= \ln\left|\sec x + \tan x\right| + C.$$

解法 2　　$\displaystyle\int\sec x\,\mathrm{d}x = \int\frac{\sec x(\sec x + \tan x)}{(\sec x + \tan x)}\mathrm{d}x$

$$= \int\frac{\sec^2 x + \sec x\tan x}{\sec x + \tan x}\mathrm{d}x$$

$$= \int\frac{\mathrm{d}(\sec x + \tan x)}{\sec x + \tan x} = \ln\left|\sec x + \tan x\right| + C.$$

例 4. 2. 20　　求 $\int\cos x\cos 2x \, \mathrm{d}x$.

解　　利用三角函数的积化和差公式

$$\cos\alpha\cos\beta = \frac{1}{2}\left[\cos(\alpha+\beta) + \cos(\alpha-\beta)\right],$$

得　　　　　　　　$\cos x\cos 2x = \dfrac{1}{2}(\cos x + \cos 3x),$

于是

$$\int\cos x\cos 2x\,\mathrm{d}x = \int\frac{1}{2}(\cos x + \cos 3x)\,\mathrm{d}x = \frac{1}{2}\int\cos x\,\mathrm{d}x + \frac{1}{2}\int\cos 3x\,\mathrm{d}x$$

$$= \frac{1}{2}\sin x + \frac{1}{6}\sin 3x + C.$$

例 4.2.21   用第一类换元积分法求下列不定积分:

(1) $\int \frac{1}{x^2} e^{\frac{1}{x}} dx$;

(2) $\int \sin nx \cos mx dx$;

(3) $\int \frac{\arctan\sqrt{x}}{\sqrt{x} + \sqrt{x^3}} dx$.

解   (1) $\int \frac{1}{x^2} e^{\frac{1}{x}} dx = -\int e^{\frac{1}{x}} d\left(\frac{1}{x}\right) = -e^{\frac{1}{x}} + C$.

(2) $\int \sin nx \cos mx dx = \frac{1}{2} \int [\sin(n+m)x + \sin(n-m)x] dx$

$$= \frac{1}{2} \left[-\frac{1}{m+n} \cos(n+m)x - \frac{1}{n-m} \cos(n-m)x \right] + C.$$

(3) $\int \frac{\arctan\sqrt{x}}{\sqrt{x} + \sqrt{x^3}} dx = \int \frac{\arctan\sqrt{x}}{\sqrt{x}(1+x)} dx$

$$= 2 \int \arctan\sqrt{x} d(\arctan\sqrt{x})$$

$$= (\arctan\sqrt{x})^2 + C.$$

常用的几种凑微分的形式有:

(1) $\int f(ax+b) dx = \frac{1}{a} \int f(ax+b) d(ax+b)$;

(2) $\int f(ax^n + b) x^{n-1} dx = \frac{1}{na} \int f(ax^n + b) d(ax^n + b)$;

(3) $\int f(e^x) e^x dx = \int f(e^x) d(e^x)$;

(4) $\int f\left(\frac{1}{x}\right) \frac{dx}{x^2} = -\int f\left(\frac{1}{x}\right) d\left(\frac{1}{x}\right)$;

(5) $\int f(\ln x) \frac{dx}{x} = \int f(\ln x) d(\ln x)$;

(6) $\int f(\sqrt{x}) \frac{dx}{\sqrt{x}} = 2 \int f(\sqrt{x}) d(\sqrt{x})$;

(7) $\int f(\sin x) \cos x dx = \int f(\sin x) d(\sin x)$;

(8) $\int f(\cos x) \sin x dx = -\int f(\cos x) d(\cos x)$;

(9) $\int f(\tan x) \sec^2 x dx = \int f(\tan x) d(\tan x)$;

(10) $\int f(\cot x) \csc^2 x dx = -\int f(\cot x) d(\cot x)$;

$(11)\ \int \dfrac{f(\arcsin x)}{\sqrt{1-x^2}}\mathrm{d}x = \int f(\arcsin x)\mathrm{d}(\arcsin x)\,;$

$(12)\ \int \dfrac{f(\arctan x)}{1+x^2}\mathrm{d}x = \int f(\arctan x)\mathrm{d}(\arctan x)\,.$

4.2.2　第二类换元法

第一类换元法是将被积函数"凑成"$f(\varphi(x))\varphi'(x)$的形式，然后令$u=\varphi(x)$，化为$f(u)$求不定积分，即

$$\int f(\varphi(x))\varphi'(x)\mathrm{d}x = \left[\int f(u)\mathrm{d}u\right]_{u=\varphi(x)}. \qquad (4.2.2)$$

也就是将式（4.2.2）从左向右进行推导运算，但当我们遇到$\int f(x)\mathrm{d}x$不易计算，同样可以使用式（4.2.2），引入$x=\varphi(t)$，化为$f(\varphi(t))\varphi'(t)$求不定积分，再将$x=\varphi(t)$的反函数$t=\varphi^{-1}(x)$代回，也就是将式（4.2.2）是从右向左推导运算. 归纳成如下定理.

> **定理 4.2.2**　设$x=\varphi(t)$是单调、可导的函数，并且$\varphi'(t)\neq 0$. 又设$f(\varphi(t))\varphi'(t)$具有原函数$F(t)$，则有换元公式
> $$\int f(x)\mathrm{d}x = \int f(\varphi(t))\varphi'(t)\mathrm{d}t = F(t)+C = F(\varphi^{-1}(x))+C.$$
> 其中$t=\varphi^{-1}(x)$是$x=\varphi(t)$的反函数.

例 4.2.22　求$\int (1+\sqrt{x})^5\mathrm{d}x$.

解法 1　由于
$$(1+\sqrt{x})^5 = 1+5x^{\frac12}+10x+10x^{\frac32}+5x^2+x^{\frac52},$$
因此
$$\int (1+\sqrt{x})^5\mathrm{d}x = x+\frac{10}{3}x^{\frac32}+5x^2+4x^{\frac52}+\frac53 x^3+\frac27 x^{\frac72}+C.$$

解法 2　利用换元积分法，令$1+\sqrt{x}=t$，则
$$x=(t-1)^2,\ \mathrm{d}x=2(t-1)\mathrm{d}t,$$
于是有
$$\int (1+\sqrt{x})^5\mathrm{d}x = 2\int t^5(t-1)\mathrm{d}t = 2\int (t^6-t^5)\mathrm{d}t$$
$$=2\left(\frac{t^7}{7}-\frac{t^6}{6}\right)+C$$
$$=\frac27(1+\sqrt{x})^7-\frac13(1+\sqrt{x})^6+C.$$

　　说明　解法 2 的优点在于被积函数这个二项式的指数较大时
$\left(\text{如求} \int (1 + \sqrt{x})^{100} \mathrm{d}x\right)$，处理起来不会增加任何困难；但若仍用
解法 1 进行计算，那将是十分烦琐的；更何况当不定积分变为
$\int (1 + \sqrt{x})^{\alpha} \mathrm{d}x$，$\alpha$ 为任意实数时，只能用解法 2 来计算.

　　注　两种解法所得结果在表达形式上有所不同，但它们之间
至多相差一个常数，可被容纳在积分常数 C 之内.

　　定理 4.2.2 给出的求不定积分的关键在于恰当地选择变换函
数 $x = \varphi(t)$，但函数形式选择较为多样，下面着重介绍倒数代换、
指数代换和三角代换.

　　对被积函数含有根式 $\sqrt[n]{ax+b}$ 的情形，可考虑直接对简单根式
进行代换，进而将被积表达式转化为有理式.

1. 倒数代换及指数变换

　　当被积函数为分式形式时，且分母形式较为复杂，可采用
倒数代换，即 $x = \dfrac{1}{t}$ 进行代换；如果被积函数存在多个指数函
数，且结构相似时，可采用指数代换，即用 $a^x = t$ 进行代换，这
样的代换可以简化分母形式，便于化简被积函数，从而求出不
定积分.

例 4.2.23　求 $\displaystyle\int \dfrac{\mathrm{d}x}{x^2\sqrt{a^2 + x^2}} (a > 0)$.

　　解　令 $x = \dfrac{1}{t}$，则 $\mathrm{d}x = -\dfrac{1}{t^2}\mathrm{d}t$，于是

$$原式 = \int t^2 \dfrac{1}{\sqrt{a^2 + \left(\dfrac{1}{t}\right)^2}} \cdot \left(-\dfrac{1}{t^2}\mathrm{d}t\right) = -\int \dfrac{t\mathrm{d}t}{\sqrt{a^2 t^2 + 1}}$$

$$= -\dfrac{1}{a^2}\int \dfrac{\mathrm{d}(a^2 t^2 + 1)}{2\sqrt{a^2 t^2 + 1}} = -\dfrac{\sqrt{a^2 t^2 + 1}}{a^2} + C,$$

再将 $t = \dfrac{1}{x}$ 代回，原式 $= -\dfrac{\sqrt{x^2 + a^2}}{a^2 |x|} + C$.

例 4.2.24　求 $\displaystyle\int \dfrac{\mathrm{d}x}{(1 + x + x^2)^{\frac{3}{2}}}$.

　　解　原式 $= \displaystyle\int \dfrac{\mathrm{d}x}{\left(\left(x + \dfrac{1}{2}\right)^2 + \dfrac{3}{4}\right)^{\frac{3}{2}}}$,

令
$$x + \frac{1}{2} = \frac{1}{t},$$

于是　原式 $= \displaystyle\int \frac{1}{\left(\dfrac{1}{t^2} + \dfrac{3}{4}\right)^{\frac{3}{2}}} \left(-\frac{1}{t^2}\right) \mathrm{d}t = -\int \frac{t\mathrm{d}t}{\left(1 + \dfrac{3}{4}t^2\right)^{\frac{3}{2}}}$

$$= -\frac{2}{3} \int \frac{\mathrm{d}\left(\dfrac{3}{4}t^2 + 1\right)}{\left(1 + \dfrac{3}{4}t^2\right)^{\frac{3}{2}}} = \frac{4}{3}\left(1 + \frac{3}{4}t^2\right)^{-\frac{1}{2}} + C$$

$$= \frac{2}{3} \frac{|2x + 1|}{\sqrt{1 + x + x^2}} + C.$$

例 4. 2. 25　求 $\displaystyle\int \frac{2^x \mathrm{d}x}{1 + 2^x + 4^x}$.

解　令 $2^x = t$, $\mathrm{d}x = \dfrac{1}{\ln 2} \cdot \dfrac{\mathrm{d}t}{t}$,

原式 $= \displaystyle\int \frac{t}{1 + t + t^2} \cdot \frac{1}{\ln 2} \cdot \frac{\mathrm{d}t}{t} = \frac{1}{\ln 2} \int \frac{\mathrm{d}t}{\left(t + \dfrac{1}{2}\right)^2 + \dfrac{3}{4}}$

$$= \frac{1}{\ln 2} \int \frac{\mathrm{d}\left(t + \dfrac{1}{2}\right)}{\left(t + \dfrac{1}{2}\right)^2 + \left(\dfrac{\sqrt{3}}{2}\right)^2} = \frac{1}{\ln 2} \cdot \frac{2}{\sqrt{3}} \arctan \frac{t + \dfrac{1}{2}}{\dfrac{\sqrt{3}}{2}} + C$$

$$= \frac{2}{\sqrt{3}\ln 2} \arctan \frac{2t + 1}{\sqrt{3}} + C = \frac{2}{\sqrt{3}\ln 2} \arctan \frac{2^{x+1} + 1}{\sqrt{3}} + C.$$

例 4. 2. 26　求 $\displaystyle\int \frac{\mathrm{d}x}{\mathrm{e}^x(1 + \mathrm{e}^{2x})}$.

解　令 $\mathrm{e}^x = t$, $\mathrm{d}x = \dfrac{\mathrm{d}t}{t}$,

原式 $= \displaystyle\int \frac{1}{t(1 + t^2)} \frac{\mathrm{d}t}{t} = \int \left(\frac{1}{t^2} - \frac{1}{1 + t^2}\right) \mathrm{d}t = -\frac{1}{t} - \arctan t + C$

$$= -\mathrm{e}^{-x} - \arctan(\mathrm{e}^x) + C.$$

2. 三角代换

当被积函数出现 $\sqrt{a^2 - x^2}$, $\sqrt{a^2 + x^2}$, $\sqrt{x^2 - a^2}$ 形式时, 可采用三角代换, 利用三角恒等式将根式去掉.

例 4. 2. 27　求 $\displaystyle\int \sqrt{a^2 - x^2}\, \mathrm{d}x \ (a > 0)$.

解　设 $x = a\sin t$, $-\dfrac{\pi}{2} < t < \dfrac{\pi}{2}$, 那么

$$\sqrt{a^2-x^2}=\sqrt{a^2-a^2\sin^2 t}=a\cos t,\ \mathrm{d}x=a\cos t\,\mathrm{d}t,$$

于是

$$\int\sqrt{a^2-x^2}\,\mathrm{d}x=\int a\cos t\cdot a\cos t\,\mathrm{d}t$$

$$=a^2\int\cos^2 t\,\mathrm{d}t=a^2\left(\frac{1}{2}t+\frac{1}{4}\sin 2t\right)+C.$$

由 $x=a\sin t$，可得 $t=\arcsin\dfrac{x}{a}$，又因 $\sin 2t=2\sin t\cos t$，所以需要知道 $\cos t$ 关于 x 的函数关系式，由 $\sqrt{a^2-x^2}=a\cos t$，可知 $\cos t=\dfrac{\sqrt{a^2-x^2}}{a}$，所以 $\sin 2t=2\dfrac{x}{a}\cdot\dfrac{\sqrt{a^2-x^2}}{a}$.

所以

$$\int\sqrt{a^2-x^2}\,\mathrm{d}x=a^2\left(\frac{1}{2}t+\frac{1}{4}\sin 2t\right)+C$$

$$=\frac{a^2}{2}\arcsin\frac{x}{a}+\frac{1}{2}x\sqrt{a^2-x^2}+C.$$

例 4.2.28　求 $\displaystyle\int\frac{\mathrm{d}x}{\sqrt{x^2+a^2}}$ $(a>0)$.

解　设 $x=a\tan t$，$-\dfrac{\pi}{2}<t<\dfrac{\pi}{2}$，那么

$$\sqrt{x^2+a^2}=\sqrt{a^2+a^2\tan^2 t}=a\sqrt{1+\tan^2 t}=a\sec t,\ \mathrm{d}x=a\sec^2 t\,\mathrm{d}t,$$

于是　$\displaystyle\int\frac{\mathrm{d}x}{\sqrt{x^2+a^2}}=\int\frac{a\sec^2 t}{a\sec t}\mathrm{d}t=\int\sec t\,\mathrm{d}t=\ln|\sec t+\tan t|+C.$

由 $x=a\tan t$ 可知 $\tan t=\dfrac{x}{a}$，由 $\sqrt{x^2+a^2}=a\sec t$ 可知 $\sec t=\dfrac{\sqrt{x^2+a^2}}{a}$，

所以　$\displaystyle\int\frac{\mathrm{d}x}{\sqrt{x^2+a^2}}=\ln|\sec t+\tan t|+C=\ln\left(\frac{x}{a}+\frac{\sqrt{x^2+a^2}}{a}\right)+C$

$$=\ln(x+\sqrt{x^2+a^2})+C_1,$$

其中 $C_1=C-\ln a$.

例 4.2.29　求 $\displaystyle\int\frac{\mathrm{d}x}{\sqrt{x^2-a^2}}$ $(a>0)$.

解　当 $x>a$ 时，设 $x=a\sec t$ $\left(0<t<\dfrac{\pi}{2}\right)$，那么

$$\sqrt{x^2-a^2}=\sqrt{a^2\sec^2 t-a^2}=a\sqrt{\sec^2 t-1}=a\tan t,$$

于是　$\displaystyle\int\frac{\mathrm{d}x}{\sqrt{x^2-a^2}}=\int\frac{a\sec t\tan t}{a\tan t}\mathrm{d}t=\int\sec t\,\mathrm{d}t=\ln|\sec t+\tan t|+C,$

因为
$$\tan t = \frac{\sqrt{x^2-a^2}}{a}, \quad \sec t = \frac{x}{a},$$

所以
$$\int \frac{dx}{\sqrt{x^2-a^2}} = \ln|\sec t + \tan t| + C = \ln\left|\frac{x}{a} + \frac{\sqrt{x^2-a^2}}{a}\right| + C$$

$$= \ln(x + \sqrt{x^2-a^2}) + C_1,$$

其中
$$C_1 = C - \ln a.$$

当 $x < a$ 时，令 $x = -u$，则 $u > a$，于是

$$\int \frac{dx}{\sqrt{x^2-a^2}} = -\int \frac{du}{\sqrt{u^2-a^2}} = -\ln(u + \sqrt{u^2-a^2}) + C$$

$$= -\ln(-x + \sqrt{x^2-a^2}) + C = \ln(-x + \sqrt{x^2-a^2})^{-1} + C_1,$$

$$= \ln\frac{-x-\sqrt{x^2-a^2}}{a^2} + C = \ln(-x-\sqrt{x^2-a^2}) + C_1,$$

其中
$$C_1 = C - 2\ln a.$$

综合起来有

$$\int \frac{dx}{\sqrt{x^2-a^2}} = \ln|x + \sqrt{x^2-a^2}| + C.$$

通过对第二类换元法的学习，可补充不定积分的基本公式如下：

(1) $\int \tan x\, dx = -\ln|\cos x| + C$;

(2) $\int \cot x\, dx = \ln|\sin x| + C$;

(3) $\int \sec x\, dx = \ln|\sec x + \tan x| + C$;

(4) $\int \csc x\, dx = \ln|\csc x - \cot x| + C$;

(5) $\int \frac{1}{a^2+x^2}dx = \frac{1}{a}\arctan\frac{x}{a} + C$;

(6) $\int \frac{1}{x^2-a^2}dx = \frac{1}{2a}\ln\left|\frac{x-a}{x+a}\right| + C$;

(7) $\int \frac{1}{\sqrt{a^2-x^2}}dx = \arcsin\frac{x}{a} + C$;

(8) $\int \frac{dx}{\sqrt{x^2+a^2}} = \ln(x + \sqrt{x^2+a^2}) + C$;

(9) $\int \frac{dx}{\sqrt{x^2-a^2}} = \ln|x + \sqrt{x^2-a^2}| + C$.

习题 4.2

1. 在横线上填入适当的系数，使下列等式成立：

(1) $\mathrm{d}x = \underline{\qquad} \mathrm{d}(kx)$;

(2) $\mathrm{d}x = \underline{\qquad} \mathrm{d}(5x+2)$;

(3) $x^2\mathrm{d}x = \underline{\qquad} \mathrm{d}(x^3)$;

(4) $x\mathrm{d}x = \underline{\qquad} \mathrm{d}(2-6x^2)$;

(5) $\mathrm{e}^{3x}\mathrm{d}x = \underline{\qquad} \mathrm{d}(\mathrm{e}^{3x})$;

(6) $\mathrm{e}^{\frac{3x}{5}}\mathrm{d}x = \underline{\qquad} \mathrm{d}(7-\mathrm{e}^{\frac{3x}{5}})$;

(7) $\underline{\qquad} = \mathrm{d}\left(\sin\frac{x}{2}\right)$.

2. 用换元法求下列不定积分.

(1) $\int\cos(3x+4)\mathrm{d}x$; (2) $\int x\mathrm{e}^{2x^2}\mathrm{d}x$;

(3) $\int\dfrac{\mathrm{d}x}{2x+1}$; (4) $\int(1+x)^n\mathrm{d}x$;

(5) $\int\left(\dfrac{1}{\sqrt{3-x^2}}+\dfrac{1}{\sqrt{1-3x^2}}\right)\mathrm{d}x$;

(6) $\int 2^{2x+3}\mathrm{d}x$; (7) $\int\sqrt{8-3x}\mathrm{d}x$;

(8) $\int\dfrac{\mathrm{d}x}{\sqrt[3]{7-5x}}$; (9) $\int\dfrac{x}{(1+x^2)^2}\mathrm{d}x$;

(10) $\int\dfrac{\mathrm{d}x}{\sin^2\left(2x+\frac{\pi}{4}\right)}$; (11) $\int\dfrac{\mathrm{d}x}{1+\cos x}$;

(12) $\int\dfrac{\mathrm{d}x}{1+\sin x}$; (13) $\int\dfrac{1}{1+\mathrm{e}^x}\mathrm{d}x$;

(14) $\int\dfrac{x}{\sqrt{1-x^2}}\mathrm{d}x$; (15) $\int\dfrac{x}{4+x^4}\mathrm{d}x$;

(16) $\int\dfrac{\mathrm{d}x}{x\ln x}$; (17) $\int\dfrac{x^4}{(1-x^5)^3}\mathrm{d}x$;

(18) $\int\dfrac{x^3}{x^8-2}\mathrm{d}x$; (19) $\int\dfrac{\mathrm{d}x}{x(1+x)}$;

(20) $\int\cot x\mathrm{d}x$; (21) $\int\cos^5 x\mathrm{d}x$;

(22) $\int\dfrac{\mathrm{d}x}{\sin x\cos x}$; (23) $\int\dfrac{\mathrm{d}x}{\mathrm{e}^x+\mathrm{e}^{-x}}$;

(24) $\int\dfrac{2x-3}{x^2-3x+8}\mathrm{d}x$; (25) $\int\dfrac{x^2+2}{(x+1)^3}\mathrm{d}x$;

(26) $\int\dfrac{\mathrm{d}x}{x^2\sqrt{x^2+1}}$;

(27) $\int\dfrac{\mathrm{d}x}{(x^2+a^2)^{\frac{3}{2}}}(a>0)$;

(28) $\int\dfrac{x^5}{\sqrt{1-x^2}}\mathrm{d}x$; (29) $\int\dfrac{\sqrt{x}}{1-\sqrt[3]{x}}\mathrm{d}x$;

(30) $\int\dfrac{\sqrt{x+1}-1}{\sqrt{x+1}+1}\mathrm{d}x$; (31) $\int x(1-2x)^{99}\mathrm{d}x$;

(32) $\int\dfrac{\mathrm{d}x}{x(1+x^n)}(n\text{ 为自然数})$;

(33) $\int\dfrac{x^{2n-1}}{x^n+1}\mathrm{d}x$; (34) $\int\dfrac{\mathrm{d}x}{x\ln x\ln\ln x}$;

(35) $\int\dfrac{\ln 2x}{x\ln 4x}\mathrm{d}x$; (36) $\int\dfrac{\mathrm{d}x}{x^4\sqrt{x^2-1}}$;

(37) $\int\dfrac{x^2}{\sqrt{a^2-x^2}}\mathrm{d}x$; (38) $\int\dfrac{\mathrm{d}x}{x\sqrt{x^2+1}}$.

4.3 分部积分法

利用复合函数求导法则推导了换元积分法，在求导法则中两个函数乘积的求导法则至关重要，现在由函数乘积的求导法则来推导另一个求积分的基本方法——分部积分法.

设函数 $u=u(x)$ 及 $v=v(x)$ 具有连续导数. 那么，两个函数乘积的导数公式为

$$(uv)'=u'v+uv',$$

移项得
$$uv' = (uv)' - u'v.$$

对这个等式两边求不定积分，得

$$\int uv' dx = uv - \int u'v dx, \qquad (4.3.1)$$

或
$$\int u dv = uv - \int v du \qquad (4.3.2)$$

这个公式称为分部积分公式.

分部积分过程可以简记为

$$\int uv' dx = \int u dv = uv - \int v du = uv - \int u'v dx$$

分部积分适用于被积函数为两个不同类型函数乘积的不定积分，其公式特点是两边的积分中 u 与 v 恰好位置互换，当 $\int u dv$ 不易直接计算，但 $\int v du$ 易于计算时，可以使用分部积分法. 对于选取 u、dv 的原则，积分容易者选为 dv，求导简单者选为 u.

例 4.3.1　　求 $\int x \cos x dx$.

　　解　令 $u = x$，$dv = \cos x dx$，则有
$$du = dx, \quad v = \sin x.$$

$$\int x \cos x dx = \int x d\sin x = x \sin x - \int \sin x dx$$
$$= x \sin x + \cos x + C.$$

使用分部积分法的关键在于适当地选定被积表达式中的 u 和 dv，使得等式右边的不定积分容易求出. 如果选择不当，反而会使所求不定积分更加复杂. 如取 $u = \cos x$，$dv = x dx$. 就有 $\int x \cos x dx$ $= \dfrac{x^2}{2} \cos x + \int \dfrac{x^2}{2} \sin x dx$，这里右端不定积分比左端不定积分更难求得.

例 4.3.2　　求 $\int x^3 \ln x dx$.

　　解　令 $u = \ln x$，$dv = x^3 dx$，则有
$$\int x^3 \ln x dx = \frac{x^4}{4} \ln x - \int \frac{x^4}{4} (\ln x)' dx$$
$$= \frac{x^4}{4} \ln x - \int \frac{x^4}{4} \frac{1}{x} dx$$
$$= \frac{x^4}{4} \ln x - \frac{1}{4} \int x^3 dx$$
$$= \frac{x^4}{4} \ln x - \frac{1}{16} x^4 + C.$$

例 4.3.3　　求 $\int \arctan x \mathrm{d}x$.

解　当令 $u = \arctan x$，$\mathrm{d}v = \mathrm{d}x$ 时，应用分部积分公式就有

$$\int \arctan x \mathrm{d}x = x \arctan x - \int \frac{x}{1 + x^2} \mathrm{d}x$$

$$= x \arctan x - \frac{1}{2}\ln(1 + x^2) + C.$$

例 4.3.4　　求 $\int x^2 \mathrm{e}^x \mathrm{d}x$.

解　$\int x^2 \mathrm{e}^x \mathrm{d}x = \int x^2 \mathrm{d}(\mathrm{e}^x) = x^2 \mathrm{e}^x - \int \mathrm{e}^x \mathrm{d}(x^2)$

$$= x^2 \mathrm{e}^x - 2\int x\mathrm{e}^x \mathrm{d}x = x^2 \mathrm{e}^x - 2\int x\mathrm{d}(\mathrm{e}^x)$$

$$= x^2 \mathrm{e}^x - 2x\mathrm{e}^x + 2\int \mathrm{e}^x \mathrm{d}x$$

$$= x^2 \mathrm{e}^x - 2x\mathrm{e}^x + 2\mathrm{e}^x + C$$

$$= \mathrm{e}^x(x^2 - 2x + 2) + C.$$

第一类换元法与分部积分法在运算过程中有相似之处，第一步都是凑微分，如：

$$\int f(\varphi(x))\varphi'(x)\mathrm{d}x = \int f(\varphi(x))\mathrm{d}\varphi(x) \xrightarrow{\varphi(x) = u} \int f(u)\mathrm{d}u,$$

$$\int u(x)v'(x)\mathrm{d}x = \int u(x)\mathrm{d}v(x) = u(x)v(x) - \int v(x)\mathrm{d}u(x).$$

在计算不定积分时，有时需把换元积分法与分部积分法结合使用，并且分部积分法可以多次使用.

例 4.3.5　　求 $\int \mathrm{e}^x \sin x \mathrm{d}x$.

解　因为

$$\int \mathrm{e}^x \sin x \mathrm{d}x = \int \sin x \mathrm{d}(\mathrm{e}^x) = \mathrm{e}^x \sin x - \int \mathrm{e}^x \mathrm{d}(\sin x)$$

$$= \mathrm{e}^x \sin x - \int \mathrm{e}^x \cos x \mathrm{d}x = \mathrm{e}^x \sin x - \int \cos x \mathrm{d}(\mathrm{e}^x)$$

$$= \mathrm{e}^x \sin x - \mathrm{e}^x \cos x + \int \mathrm{e}^x \mathrm{d}(\cos x)$$

$$= \mathrm{e}^x \sin x - \mathrm{e}^x \cos x - \int \mathrm{e}^x \sin x \mathrm{d}x,$$

所以　　　　　$\int \mathrm{e}^x \sin x \mathrm{d}x = \frac{1}{2}\mathrm{e}^x(\sin x - \cos x) + C.$

归纳上述例题可以知道，如果被积函数类型为 $\int \mathrm{e}^{kx}\sin(ax + b)\mathrm{d}x$、

$\int e^{kx}\cos(ax+b)\mathrm{d}x$，其中 k，a，b 均为常数，那么 u 和 $\mathrm{d}v$ 的选取可以随意.

分部积分法的应用大致上可以归纳为"升幂""降幂""循环""递推"四种形式.

类型一：升幂法

例 4. 3. 6　求 $\int(2x-1)\ln x\mathrm{d}x$.

解　令 $u=\ln x$，$v'=2x-1$，于是 $u'=\dfrac{1}{x}$，$v=x^2-x$，因而

$$\int(2x-1)\ln x\mathrm{d}x=(x^2-x)\ln x-\int\frac{x^2-x}{x}\mathrm{d}x$$

$$=(x^2-x)\ln x-\frac{1}{2}x^2+x+C.$$

例 4. 3. 7　求 $\int\arccos x\mathrm{d}x$.

解　$\int\arccos x\mathrm{d}x=x\arccos x-\int x\mathrm{d}(\arccos x)$

$$=x\arccos x+\int x\frac{1}{\sqrt{1-x^2}}\mathrm{d}x$$

$$=x\arccos x-\frac{1}{2}\int(1-x^2)^{-\frac{1}{2}}\mathrm{d}(1-x^2)$$

$$=x\arccos x-\sqrt{1-x^2}+C.$$

例 4. 3. 8　求 $\int x\arctan x\mathrm{d}x$.

解　$\int x\arctan x\mathrm{d}x=\dfrac{1}{2}\int\arctan x\mathrm{d}(x^2)$

$$=\frac{1}{2}x^2\arctan x-\frac{1}{2}\int x^2\cdot\frac{1}{1+x^2}\mathrm{d}x$$

$$=\frac{1}{2}x^2\arctan x-\frac{1}{2}\int\left(1-\frac{1}{1+x^2}\right)\mathrm{d}x$$

$$=\frac{1}{2}x^2\arctan x-\frac{1}{2}x+\frac{1}{2}\arctan x+C.$$

适合应用"升幂法"的不定积分有如下一些类型：

$$\int P_n(x)(\ln x)^m\mathrm{d}x,\ \int P_n(x)(\arctan x)^m\mathrm{d}x(m\ 为正整数).$$

在使用分部积分法求上述各类不定积分时，只需令 $u=(\ln x)^m$ 或 $(\arctan x)^m$，$v'=P_n(x)$，使得每用一次分部积分，多项式因子升幂一次，同时使 $(\ln x)^m$ 或 $(\arctan x)^m$ 降幂. 重复这个过程 m 次，最

后化为求一多项式或一有理分式的不定积分.

类型二: 降幂法

例 4.3.9   求 $\int(2x-1)\cos3x\mathrm{d}x$.

解   令 $u=2x-1$, $v'=\cos3x$, 于是 $u'=2$, $v=\dfrac{1}{3}\sin3x$, 因而

$$\int(2x-1)\cos3x\mathrm{d}x = \frac{1}{3}(2x-1)\sin3x - \frac{2}{3}\int\sin3x\mathrm{d}x$$

$$= \frac{1}{3}(2x-1)\sin3x + \frac{2}{9}\cos3x + C.$$

例 4.3.10   求 $\int x^2\mathrm{e}^{3x}\mathrm{d}x$.

解
$$\int x^2\mathrm{e}^{3x}\mathrm{d}x = \int x^2\mathrm{d}\left(\frac{1}{3}\mathrm{e}^{3x}\right)$$

$$= \frac{1}{3}x^2\mathrm{e}^{3x} - \frac{2}{3}\int x\mathrm{e}^{3x}\mathrm{d}x$$

$$= \frac{1}{3}x^2\mathrm{e}^{3x} - \frac{2}{3}\int x\mathrm{d}\left(\frac{1}{3}\mathrm{e}^{3x}\right)$$

$$= \frac{1}{3}x^2\mathrm{e}^{3x} - \frac{2}{9}x\mathrm{e}^{3x} + \frac{2}{9}\int\mathrm{e}^{3x}\mathrm{d}x$$

$$= \frac{1}{27}\mathrm{e}^{3x}(9x^2 - 6x + 2) + C.$$

适合应用"降幂法"的不定积分有如下的一些类型:

$$\int P_n(x)\mathrm{e}^{ax}\mathrm{d}x, \quad \int P_n(x)\sin bx\mathrm{d}x, \quad \int P_n(x)\cos bx\mathrm{d}x,$$

其中 $P_n(x)$ 为某一 n 次多项式. 对这些不定积分, 只需令 $u = P_n(x)$, $v'=\mathrm{e}^{ax}$ (或 $\sin bx$, $\cos bx$), 每用一次分部积分, 便能使多项式因子降幂一次; 重复使用 n 次, 可使多项式因子降幂成一常数, 而剩下的是求 e^{ax} (或 $\sin bx$, $\cos bx$) 的不定积分.

类型三: 循环法

例 4.3.11   求 $\int\sec^3x\mathrm{d}x$.

解
$$\int\sec^3x\mathrm{d}x = \int\sec x\mathrm{d}(\tan x)$$

$$= \sec x\tan x - \int\sec x\tan^2x\mathrm{d}x$$

$$= \sec x\tan x + \int\sec x\mathrm{d}x - \int\sec^3x\mathrm{d}x,$$

于是得到

$$\int \sec^3 x \mathrm{d}x = \frac{1}{2}\left(\sec x \tan x + \int \sec x \mathrm{d}x\right)$$

$$= \frac{1}{2}(\sec x \tan x + \ln|\sec x + \tan x|) + C.$$

适合用"循环法"的不定积分有如下的一些类型：

$$\int P_n(\sin bx)\,\mathrm{e}^{ax}\mathrm{d}x, \quad \int P_n(\cos bx)\,\mathrm{e}^{ax}\mathrm{d}x,$$

这些不定积分经若干次分部积分后，出现形如

$$I = \cdots = F(x) + \lambda I, \quad \lambda \neq 1$$

的循环（或重现）形式，由此即可求得

$$I = \frac{1}{1-\lambda}F(x) + C.$$

在许多情况下，被积函数不只是自变量的函数，而且还依赖一个正整数指数，指数也称参数，这时经过分部积分，我们得到的往往不是最后的原函数，而是另一个类似的表达式，其中指标具有较小的数值. 这样，经过反复几步之后，就得到所需的结果，这就是递推法.

类型四：递推法

例 4.3.12　求 $I_n = \int x^n \cos x \mathrm{d}x$，其中 n 为正整数. 并计算不定积分 $\int x^3 \cos x \mathrm{d}x$.

解　用"降幂法"计算得

$$I_n = \int x^n \mathrm{d}(\sin x) = x^n \sin x - n \int x^{n-1} \sin x \mathrm{d}x$$

$$= x^n \sin x + n \int x^{n-1} \mathrm{d}(\cos x)$$

$$= x^n \sin x + nx^{n-1}\cos x - n(n-1)\int x^{n-2}\cos x \mathrm{d}x,$$

这就得到递推公式

$$I_n = x^n \sin x + nx^{x-1}\cos x - n(n-1)I_{n-2},$$

（初值：$I_1 = x\sin x + \cos x + C_1, \ I_0 = \sin x + C_0$）.

利用此递推公式，易得

$$\int x^3 \cos x \mathrm{d}x = I_3 = x^3 \sin x + 3x^2 \cos x - 6I_1$$

$$= x^3 \sin x + 3x^2 \cos x - 6(x\sin x + \cos x + C_1)$$

$$= (x^3 - 6x)\sin x + (3x^2 - 6)\cos x + C.$$

习题 4.3

应用分部积分法求下列不定积分.

1. $\int \arcsin x \mathrm{d}x$;   2. $\int \ln x \mathrm{d}x$;

3. $\int x^2 \cos x \mathrm{d}x$;   4. $\int \dfrac{\ln x}{x^3} \mathrm{d}x$;

5. $\int (\ln x)^2 \mathrm{d}x$;   6. $\int (x^2 - 1) \arctan x \mathrm{d}x$;

7. $\int \left[\ln(\ln x) + \dfrac{1}{\ln x} \right] \mathrm{d}x$;

8. $\int (\arcsin x)^2 \mathrm{d}x$;   9. $\int \sin \sqrt{x} \mathrm{d}x$;

10. $\int \sqrt{x^2 \pm a^2} \mathrm{d}x (a > 0)$.

4.4   有理函数的积分

前面学习了两种求不定积分的方法,即换元积分法和分部积分法,这两种方法都是依据微分运算的过程,加入不定积分运算形成的. 在数学中常常有这样的情形:虽然某个运算在一定范围内有意义并且结果也在这范围内,但它的逆运算的结果却有可能超出这范围. 我们知道初等函数的导数仍然是初等函数,但作为求导的逆运算的不定积分,却不具有这样的性质,不少初等函数的原函数不再是初等函数. 本节介绍的方法是依据被积函数特殊形式所形成的不定积分计算过程,主要针对有理分式结构. 这些类型的积分无论多么复杂,都可按照一定的步骤把它求出来.

4.4.1   有理函数积分的计算

有理函数是指由两个多项式的商所表示的函数,即具有如下形式的函数:

$$\frac{P(x)}{Q(x)} = \frac{a_0 x^n + a_1 x^{n-1} + \cdots + a_{n-1} x + a_n}{b_0 x^m + b_1 x^{m-1} + \cdots + b_{m-1} x + b_m}, \qquad (4.4.1)$$

其中 m 和 n 都是非负整数;$P(x)$ 是 n 次多项式;$Q(x)$ 是 m 次多项式;a_0, a_1, a_2, $\cdots$, a_n 及 b_0, b_1, b_2, $\cdots$, b_n 都是实数,并且 $a_0 \neq 0$, $b_0 \neq 0$. 当 $n < m$ 时,称这有理函数是真分式;而当 $n \geqslant m$ 时,称这有理函数是假分式.

假分式总可以化成一个多项式与一个真分式之和的形式. 通常采用多项式长除法,这种方法与数字除法一样.

例如,$\dfrac{x^3 + x + 1}{x^2 + 1} = \dfrac{x(x^2 + 1) + 1}{x^2 + 1} = x + \dfrac{1}{x^2 + 1}$,多项式长除法过程如下:

$$\begin{array}{r} x \\ x^2+1 \overline{)\, x^3+x+1} \\ \underline{x^3+x} \\ 1 \end{array}$$

当假分式化为多项式与真分式之后的形式后，其中对于多项式的不定积分已经掌握，下面研究真分式的不定积分.

前面已经用换元法直接计算了几个真分式的不定积分，如：

$$\int \frac{\mathrm{d}x}{x^2-a^2},\ \int \frac{\mathrm{d}x}{(x-a)^m},\ \int \frac{\mathrm{d}x}{x^2+a^2}$$

等. 在计算上述第一个积分时，是将分式 $\frac{1}{x^2-a^2}$ 化为两个简单真分式的和，即

$$\frac{1}{x^2-a^2}=\frac{1}{(x+a)(x-a)}=\frac{1}{2a}\left(\frac{1}{x-a}+\frac{-1}{x+a}\right).$$

这里右端是两个简单的分式，我们容易求得积分. 正是这类问题的启发，我们设法把真分式 $\frac{P(x)}{Q(x)}$ 的分母 $Q(x)$ 进行因式分解，然后再把分式 $\frac{P(x)}{Q(x)}$ 拆成以 $Q(x)$ 的因式为分母的简单分式之和，这种办法至少在理论上是可行的. 下面我们先介绍两个代数学中的定理.

定理 4.4.1（实系数多项式的因式分解定理）　任何实系数多项式 $Q(x)$ 总可以唯一地分解成实系数的一次因式和二次因式的乘积，即

$$Q(x)=b_0 x^m+b_1 x^{m-1}+\cdots+b_m$$
$$=b_0(x-a)^k\cdots(x-b)^l(x^2+px+q)^\lambda\cdots(x^2+rx+s)^\mu \quad (4.4.2)$$

其中 $b_0\neq 0$，k，$\cdots$，l，λ，$\cdots\mu$ 为正整数，$k+\cdots+l+2(\lambda+\cdots+\mu)=m$，$p^2-4p<0$，$\cdots$，$r^2-4s<0$.

定理 4.4.2（部分分式定理）　若 $Q(x)$ 已化成式（4.4.2），则真分式 $\frac{P(x)}{Q(x)}$ 可以唯一分解为下列部分分式：

$$\frac{P(x)}{Q(x)}=\frac{a_0 x^n+a_1 x^{n-1}+\cdots+a_n}{b_0 x^m+b_1 x^{m-1}+\cdots+b_m}$$
$$=\frac{A_1}{x-a}+\frac{A_2}{(x-a)^2}+\cdots+\frac{A_k}{(x-a)^k}+\cdots+$$

$$\frac{B_1}{(x-b)}+\cdots+\frac{B_l}{(x-b)^l}+$$

$$\frac{P_1x+Q_1}{x^2+px+q}+\frac{P_2x+Q_2}{(x^2+px+q)^2}+\cdots+$$

$$\frac{P_\lambda x+Q_\lambda}{(x^2+px+q)^\lambda}+\cdots+\frac{R_1x+S_1}{x^2+rx+s}+\cdots+$$

$$\frac{R_\mu x+S_\mu}{(x^2+rx+s)^\mu},$$

其中 A_1，A_2，$\cdots$，A_k，$\cdots$，B_1，$\cdots$，B_l，P_1，Q_1，$\cdots$，P_λ，Q_λ，R_1，S_1，$\cdots$，R_μ，S_μ 为实常数. $b_0\neq0$，k，$\cdots$，l，λ，$\cdots$，μ 为正整数，且

$$k+\cdots+l+2(\lambda+\cdots+\mu)=m,\ p^2-4p<0,\ \cdots,\ r^2-4s<0.$$

由定理 4.4.2 可知任何有理函数(真分式)的积分都可以分解为求下述两种类型的积分：

$$(1)\ \int\frac{\mathrm{d}x}{(x-c)^m};\qquad(2)\ \int\frac{Mx+N}{(x^2+px+q)^n}\mathrm{d}x(p^2-4q<0).$$

对于积分(1)，我们已经知道：

当 $m=1$ 时，$\displaystyle\int\frac{\mathrm{d}x}{x-c}=\ln|x-c|+C.$

当 $m>1$ 时，$\displaystyle\int\frac{\mathrm{d}x}{(x-c)^m}=\frac{1}{(1-m)(x-c)^{m+1}}+C.$

对于积分(2)，进行适当换元，有

$$\int\frac{Mx+N}{(x^2+px+q)^n}\mathrm{d}x=\int\frac{At+B}{(t^2+a^2)^n}\mathrm{d}t$$

$$=A\int\frac{t}{(t^2+a^2)^n}\mathrm{d}t+B\int\frac{1}{(t^2+a^2)^n}\mathrm{d}t.$$

这里右端第一个积分，当令 $u=t^2+a^2$ 时，可求得

$$\int\frac{t}{(t^2+a^2)^n}\mathrm{d}t=\frac{1}{2}\int\frac{\mathrm{d}u}{u^n}=\frac{1}{2(1-n)}\frac{1}{u^{n-1}}+C$$

$$=\frac{1}{2(1-n)}\frac{1}{(t^2+a^2)^{n-1}}+C.$$

而右端第二个积分由分部积分法，可得

$$I_n=\int\frac{\mathrm{d}t}{(t^2+a^2)^n}=\frac{t}{(t^2+a^2)^n}+2n\int\frac{t^2\mathrm{d}t}{(t^2+a^2)^{n+1}}$$

$$=\frac{t}{(t^2+a^2)^n}+2n\int\frac{t^2+a^2-a^2}{(t^2+a^2)^{n+1}}\mathrm{d}t$$

$$= \frac{t}{(t^2+a^2)^n} + 2n\int \frac{\mathrm{d}t}{(t^2+a^2)^n} - 2na^2\int \frac{\mathrm{d}t}{(t^2+a^2)^{n+1}}$$

$$= \frac{t}{(t^2+a^2)^n} + 2nI_n - 2na^2 I_{n+1},$$

或　　　　　　　　$$I_{n+1} = \frac{1}{2a^2 n}\frac{t}{(t^2+a^2)^n} + \frac{2n-1}{2a^2 n}I_n,$$

当把 n 改为 $n-1$ 时，得到递推公式

$$I_n = \frac{t}{2a^2(n-1)(t^2+a^2)^{n-1}} + \frac{2n-3}{2a^2(n-1)}I_{n-1}. \qquad (4.4.3)$$

于是计算 I_n 就归结为计算 I_{n-1}，由式 (4.4.3) 它又可以归结为 I_{n-2}，以此推下去，最后归结为计算 I_1.

例 4.4.1　求 $\displaystyle\int \frac{2x^4 - x^3 + 4x^2 + 9x - 10}{x^5 + x^4 - 5x^3 - 2x^2 + 4x - 8}\mathrm{d}x.$

解　分两步进行. 第一步把被积函数化成部分分式，因为

$$x^5 + x^4 - 5x^3 - 2x^2 + 4x - 8 = (x-2)(x+2)^2(x^2-x+1),$$

$$\frac{2x^4 - x^3 + 4x^2 + 9x - 10}{x^5 + x^4 - 5x^3 - 2x^2 + 4x - 8} = \frac{A}{x-2} + \frac{B}{x+2} + \frac{C}{(x+2)^2} + \frac{Dx+E}{x^2-x+1},$$

其中 A，B，C，D，E 为待定常数，为确定 A，B，C，D，E，可用 $(x-2)(x+2)^2(x^2-x+1)$ 乘上式两边，得

$$2x^4 - x^3 + 4x^2 + 9x - 10 = A(x+2)^2(x^2-x+1) + B(x-2)(x+2)(x^2-x+1) +$$
$$C(x-2)(x^2-x+1) + (Dx+E)(x-2)(x+2)^2,$$

两边都是四次多项式. 令两边同次项系数相等，得

$$\begin{cases} 2 = A+B+D, \\ -1 = 3A - B + C + 2D + E, \\ 4 = A - 3B - 3C - 4D + 2E, \\ 9 = 4B + 3C - 8D - 4E, \\ -10 = 4A - 4B - 2C - 8E, \end{cases}$$

这是关于 A，B，C，D，E 的线性方程组. 解得

$$A = 1, \quad B = 2, \quad C = -1, \quad D = -1, \quad E = 1,$$

代入就得到分解式

$$\frac{2x^4 - x^3 + 4x^2 + 9x - 10}{x^5 + x^4 - 5x^3 - 2x^2 + 4x - 8} = \frac{1}{x-2} + \frac{2}{x+2} + \frac{-1}{(x+2)^2} + \frac{-x+1}{x^2-x+1},$$

这种求常数 A，B，C，D，E 的方法称为待定系数法.

有时用另一种方法求 A，B，C，D，E 显得更加方便. 即将 $x = 2$ 代入

$$2x^4 - x^3 + 4x^2 + 9x - 10 = A(x+2)^2(x^2-x+1) + B(x-2)(x+2)(x^2-x+1) +$$
$$C(x-2)(x^2-x+1) + (Dx+E)(x-2)(x+2)^2,$$

可得 $A=1$；同样，令 $x=-2$ 得 $C=-1$；为了继续求出其余三个系数 B，D，E，只需用 x 的三个简单的值代入，便能得到关于它们的方程组，例如：

令 $x=0$，得　　　　$-10=4-4B+2-8E$，

令 $x=1$，得　　　　$4=9-3B+1-9(D+E)$，

令 $x=-1$，得　　$-12=3-9B+9-3(E-D)$，

即
$$\begin{cases} 4=B+2E, \\ 2=B+3D+3E, \\ 8=3B+E-D, \end{cases}$$

解方程组得 $B=2$，$D=-1$，$E=1$. 这样 A，B，C，D，E 的值就全部求出来了.

下面对分部分式求不定积分.

$$\int \frac{2x^4 - x^3 + 4x^2 + 9x - 10}{x^5 + x^4 - 5x^3 - 2x^2 + 4x - 8} dx$$

$$= \int \left[\frac{1}{x-2} + \frac{2}{x+2} - \frac{1}{(x+2)^2} - \frac{x-1}{x^2-x+1} \right] dx$$

$$= \int \frac{dx}{x-2} + \int \frac{2dx}{x+2} - \int \frac{dx}{(x+2)^2} - \int \frac{x-1}{x^2-x+1} dx$$

$$= \ln|x-2| + 2\ln|x+2| + \frac{1}{x+2} - \frac{1}{2}\ln(x^2-x+1) +$$

$$\frac{1}{\sqrt{3}}\arctan\frac{2x-1}{\sqrt{3}} + C$$

$$= \ln \frac{|x-2|(x+2)^2}{\sqrt{x^2-x+1}} + \frac{1}{x+2} + \frac{1}{\sqrt{3}}\arctan\frac{2x-1}{\sqrt{3}} + C,$$

其中

$$\int \frac{x-1}{x^2-x+1} dx = \int \frac{x-\frac{1}{2}}{\left(x-\frac{1}{2}\right)^2 + \frac{3}{4}} dx - \int \frac{\frac{1}{2}dx}{\left(x-\frac{1}{2}\right)^2 + \frac{3}{4}}$$

$$= \frac{1}{2}\ln(x^2-x+1) - \frac{1}{\sqrt{3}}\arctan\frac{2x-1}{\sqrt{3}} + C.$$

例 4.4.2　求 $\int \frac{x+3}{x^2-5x+6} dx$.

解　$\int \frac{x+3}{x^2-5x+6} dx = \int \frac{x+3}{(x-2)(x-3)} dx$

$$= \int \left(\frac{6}{x-3} - \frac{5}{x-2} \right) dx$$

$$= \int \frac{6}{x-3} dx - \int \frac{5}{x-2} dx$$

$$= 6\ln|x-3| - 5\ln|x-2| + C,$$

其中，$\dfrac{x+3}{(x-2)(x-3)} = \dfrac{A}{x-3} + \dfrac{B}{x-2} = \dfrac{(A+B)x + (-2A-3B)}{(x-2)(x-3)}$，

$$A+B=1, \quad -3A-2B=3, \quad A=6, \quad B=-5.$$

4.4.2　三角函数有理式的积分

三角函数有理式是指由三角函数和常数经过有限次四则运算所构成的函数，其特点是分子分母都包含三角函数的和差和乘积运算. 由于各种三角函数都可以用 $\sin x$ 及 $\cos x$ 的有理式表示，故三角函数有理式也就是 $\sin x$、$\cos x$ 的有理式.

用于三角函数有理式积分的变换：把 $\sin x$、$\cos x$ 表示成 $\tan \dfrac{x}{2}$ 的函数，然后作变换 $u = \tan \dfrac{x}{2}$：

$$\sin x = 2\sin \frac{x}{2}\cos \frac{x}{2} = \frac{2\tan \dfrac{x}{2}}{\sec^2 \dfrac{x}{2}} = \frac{2\tan \dfrac{x}{2}}{1+\tan^2 \dfrac{x}{2}} = \frac{2u}{1+u^2},$$

$$\cos x = \cos^2 \frac{x}{2} - \sin^2 \frac{x}{2} = \frac{1-\tan^2 \dfrac{x}{2}}{\sec^2 \dfrac{x}{2}} = \frac{1-u^2}{1+u^2},$$

变换后原积分变成了有理函数的积分. 即

$$\int R(\sin x, \ \cos x)\, dx = \int R\left(\frac{2t}{1+t^2}, \ \frac{1-t^2}{1+t^2}\right) \frac{2}{1+t^2}\, dt.$$

例 4.4.3　求 $\displaystyle\int \frac{dx}{2+\cos x}$.

解　作变换 $t = \tan \dfrac{x}{2}$，则有

$$dx = \frac{2}{1+t^2}\, dt, \quad \cos x = \frac{1-t^2}{1+t^2},$$

$$\int \frac{dx}{2+\cos x} = \int \frac{\dfrac{2\,dt}{1+t^2}}{2+\dfrac{1-t^2}{1+t^2}} = 2\int \frac{1}{3+t^2}\, dt = \frac{2}{\sqrt{3}}\int \frac{1}{1+\left(\dfrac{t}{\sqrt{3}}\right)^2}\, d\left(\frac{t}{\sqrt{3}}\right)$$

$$= \frac{2}{\sqrt{3}}\arctan \frac{t}{\sqrt{3}} + C = \frac{2}{\sqrt{3}}\arctan\left(\frac{1}{\sqrt{3}}\tan \frac{x}{2}\right) + C.$$

说明 并非所有的三角函数有理式的积分都要通过变换化为有理函数的积分. 例如,

$$\int \frac{\cos x}{1 + \sin x}dx = \int \frac{1}{1 + \sin x}d(1 + \sin x) = \ln(1 + \sin x) + C.$$

例 4.4.4 求 $\int \dfrac{dx}{a^2\sin^2 x + b^2\cos^2 x}$.

解 由于

$$\int \frac{dx}{a^2\sin^2 x + b^2\cos^2 x} = \int \frac{\dfrac{1}{\cos^2 x}dx}{a^2\tan^2 x + b^2} = \int \frac{d(\tan x)}{a^2\tan^2 x + b^2},$$

故令 $u = \tan x$ 时, 有

$$\int \frac{dx}{a^2\sin^2 x + b^2\cos^2 x} = \int \frac{du}{a^2 u^2 + b^2} = \frac{1}{ab}\arctan\left(\frac{a}{b}u\right) + C$$

$$= \frac{1}{ab}\arctan\left(\frac{a}{b}\tan x\right) + C.$$

通常求 $\sin^2 x$, $\cos^2 x$ 及 $\sin x\cos x$ 的有理式积分时, 用 $t = \tan x$ 来代换往往较为方便.

4.4.3 简单无理函数的积分

类型 1: $\int R\left(x, \sqrt[n]{\dfrac{ax + b}{cx + d}}\right)dx$ 型的积分

对于这类积分, 其中 $n > 1$, 且 $ad - bc \neq 0$, 只需令 $t = \sqrt[n]{\dfrac{ax+b}{cx+d}}$ 就可以将它转化为 t 的有理函数积分.

例 4.4.5 求 $\int \dfrac{\sqrt{x}}{\sqrt{x} + \sqrt[3]{x}}dx$.

解 被积函数中既有 $\sqrt{x}$ 又有 $\sqrt[3]{x}$, 为了能同时消去这两个根式, 令 $x = t^6$, 于是 $dx = 6t^5 dt$, 所以

$$\int \frac{t^3}{t^3 + t^2}6t^5 dt = 6\int \frac{t^8}{t^2(t + 1)}dt = 6\int \frac{t^6}{t + 1}dt,$$

利用有理式长除法, 得

$$\frac{t^6}{t+1} = (t^5 - t^4 + t^3 - t^2 + t - 1) + \frac{1}{t-1},$$

于是

$$原式 = \frac{1}{6}t^6 - \frac{1}{5}t^5 + \frac{1}{4}t^4 - \frac{1}{3}t^3 + \frac{1}{2}t^2 - t + \ln(t-1) + C$$

$$= \frac{1}{6}x - \frac{1}{5}x^{\frac{5}{6}} + \frac{1}{4}x^{\frac{2}{3}} - \frac{1}{3}x^{\frac{1}{2}} + \frac{1}{2}x^{\frac{1}{3}} - x^{\frac{1}{6}} + \ln|x^{\frac{1}{6}} - 1| + C.$$

例 4.4.6　求 $\int \dfrac{\mathrm{d}x}{(1+x)\sqrt{2+x-x^2}}$.

解　由于 $2+x-x^2=(1+x)(2-x)$，故令 $t=\sqrt{\dfrac{2-x}{1+x}}$，有

$$x=\frac{2-t^2}{1+t^2},\quad \mathrm{d}x=\frac{-6t\mathrm{d}t}{(1+t^2)^2}.$$

所以

$$\int \frac{\mathrm{d}x}{(1+x)\sqrt{2+x-x^2}}=\int \frac{1+t^2}{3}\frac{1+t^2}{3t}\frac{-6t}{(1+t^2)^2}\mathrm{d}t$$

$$=-\frac{2}{3}\int \mathrm{d}t$$

$$=-\frac{2}{3}t+C$$

$$=-\frac{2}{3}\sqrt{\frac{2-x}{1+x}}+C.$$

本题也可以令 $t=\dfrac{1}{x+1}$ 来求得结果.

类型 2：$\int R(x,\sqrt{ax^2+bx+c})\mathrm{d}x$ 型的积分

若二次三项式 ax^2+bx+c 的系数满足条件：$a>0$ 与 $b^2-4ac\neq0$，或 $a<0$ 时 $b^2-4ac>0$，则有

$$ax^2+bx+c=a\left[\left(x+\frac{b}{2a}\right)^2+\frac{4ac-b^2}{4a^2}\right],$$

令

$$u=x+\frac{b}{2a},\quad k=\sqrt{\left|\frac{4ac-b^2}{4a^2}\right|},$$

这个二次三项式就转化为下述三种形式之一：

$$|a|(u^2+k^2),\ |a|(u^2-k^2),\ |a|(k^2-u^2),$$

因此积分 $\int R(x,\sqrt{ax^2+bx+c})\mathrm{d}x$ 就转化为下述三种积分之一：

$$\int R(u,\sqrt{u^2+k^2})\mathrm{d}u,\int R(u,\sqrt{u^2-k^2})\mathrm{d}u,\int R(u,\sqrt{k^2-u^2})\mathrm{d}u.$$

分别令 $u=k\tan t$，$u=k\sec t$，$u=k\sin t$，它们都可转化为三角函数有理式的积分.

例 4.4.7　求 $I=\int \dfrac{\mathrm{d}x}{x^2\sqrt{a^2-x^2}}(a>0)$.

解　令 $x=a\sin\theta$，$|\theta|<\dfrac{\pi}{2}$，得

$$\sqrt{a^2-x^2}=a\cos\theta,\quad \mathrm{d}x=a\cos\theta\mathrm{d}\theta,$$

所以

$$I = \int \frac{\mathrm{d}\theta}{a^2 \sin^2\theta} = -\frac{1}{a^2}\cot\theta + C$$

$$= -\frac{1}{a^2}\frac{\sqrt{1-\sin^2\theta}}{\sin\theta} + C$$

$$= -\frac{1}{a^2}\frac{\sqrt{a^2-x^2}}{x} + C.$$

习题 4.4

1. 求下列不定积分.

(1) $\displaystyle\int \frac{x^3}{x-1}\mathrm{d}x$;

(2) $\displaystyle\int \frac{x-2}{x^2-7x+12}\mathrm{d}x$;

(3) $\displaystyle\int \frac{\mathrm{d}x}{1+x^3}$;

(4) $\displaystyle\int \frac{\mathrm{d}x}{1+x^4}$;

(5) $\displaystyle\int \frac{\mathrm{d}x}{(x-1)(x^2+1)^2}$;

(6) $\displaystyle\int \frac{x-2}{(2x^2+2x+1)^2}\mathrm{d}x$.

2. 求下列不定积分.

(1) $\displaystyle\int \frac{\ln x}{(1+x^2)^{\frac{3}{2}}}\mathrm{d}x$;

(2) $\displaystyle\int \frac{\sin x}{\sin x + \cos x}\mathrm{d}x$;

(3) $\displaystyle\int \frac{x\mathrm{e}^x}{(1+x)^2}\mathrm{d}x$;

(4) $\displaystyle\int \frac{\mathrm{d}x}{\sqrt{x}(1+\sqrt[4]{x})^3}$;

(5) $\displaystyle\int \frac{x^2+1}{x\sqrt{x^4+1}}\mathrm{d}x$;

(6) $\displaystyle\int \frac{\cos^4 x}{\sin^3 x}\mathrm{d}x$.

第4章总习题

1. 求下列不定积分.

(1) $\displaystyle\int x\arcsin x\,\mathrm{d}x$;

(2) $\displaystyle\int \frac{\sqrt{x}-2\sqrt[3]{x}-1}{\sqrt[4]{x}}\mathrm{d}x$;

(3) $\displaystyle\int \frac{\mathrm{d}x}{1+\sqrt{x}}$;

(4) $\displaystyle\int \mathrm{e}^{\sin x}\sin 2x\,\mathrm{d}x$;

(5) $\displaystyle\int \mathrm{e}^{\sqrt{x}}\,\mathrm{d}x$;

(6) $\displaystyle\int \frac{\mathrm{d}x}{x\sqrt{x^2-1}}$;

(7) $\displaystyle\int \frac{1-\tan x}{1+\tan x}\mathrm{d}x$;

(8) $\displaystyle\int \frac{x^2-x}{(x-2)^3}\mathrm{d}x$;

(9) $\displaystyle\int \frac{\mathrm{d}x}{\cos^4 x}$;

(10) $\displaystyle\int \sin^4 x\,\mathrm{d}x$;

(11) $\displaystyle\int \frac{x-5}{x^3-3x^2+4}\mathrm{d}x$;

(12) $\displaystyle\int \arctan(1+\sqrt{x})\,\mathrm{d}x$;

(13) $\displaystyle\int \frac{x^7}{x^4+2}\mathrm{d}x$;

(14) $\displaystyle\int \frac{\tan x}{1+\tan x+\tan^2 x}\mathrm{d}x$;

(15) $\displaystyle\int \frac{x^2}{(1-x)^{100}}\mathrm{d}x$;

(16) $\displaystyle\int \frac{\arcsin x}{x^2}\mathrm{d}x$;

(17) $\displaystyle\int x\ln\left(\frac{1+x}{1-x}\right)\mathrm{d}x$;

(18) $\displaystyle\int \frac{\mathrm{d}x}{\sqrt{\sin x \cdot \cos^7 x}}$;

(19) $\displaystyle\int \mathrm{e}^x\left(\frac{1-x}{1+x}\right)^2\mathrm{d}x$.

2. 求下列不定积分.

(1) $\displaystyle\int \frac{\mathrm{d}x}{x^4+x^2+1}$;

(2) $\displaystyle\int \frac{x^3}{(x^{10}+2x^5+2)^2}\mathrm{d}x$;

(3) $\displaystyle\int \frac{x^{3n-1}}{(x^{3n}+1)^2}\mathrm{d}x$;

(4) $\displaystyle\int \frac{\cos^3 x}{\cos x + \sin x}\mathrm{d}x$.

第 5 章

定积分

5.1　定积分的概念与性质

不定积分是微分法逆运算的一个侧面，而下面将要讲到的定积分则是它的另一个侧面，它们之间既有区别，又有联系. 现在先从几个例子来看定积分的概念是怎样提出来的.

5.1.1　定积分问题引例

1. 曲边梯形的面积

设函数 $y=f(x)$ 在区间 $[a,b]$ 上非负、连续. 由直线 $x=a$、$x=b$、$y=0$ 及曲线 $y=f(x)$ 所围成的图形称为曲边梯形，其中曲线弧称为曲边，如图 5.1.1 所示.

如何求解曲边梯形的面积呢？首先介绍求解图形面积的基本思想与过程. 对于生活中所遇到的图形，可归结为多边形与曲边图形. 例如求解任意多边形的面积，如图 5.1.2 所示，我们先将图形进行"分割"，分割为若干可求面积的图形，因为我们知道三角形的面积公式为

$$三角形的面积 = \frac{1}{2}底 \times 高$$

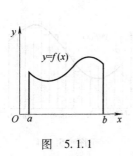

图　5.1.1

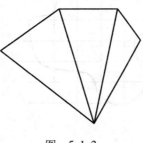

图　5.1.2

所以可以将直多边形按照其顶点连线分割成若干三角形，对每个三角形逐一计算其面积，之后再进行累加，就得到了多边形的面

积, 其中三角形为构成多边形的基本元素, 将其称为"基元". 这种思想可归结为"分割-求值-求和", 其中, 分割是指分割成若干基元, 求值是指求若干基元的面积, 求和是指将所求基元面积累加.

求多边形面积的思想同样可以应用于求曲边图形的面积. 如图 5.1.3 所示, 将曲边图形用十字线切割后归结为两类图形, 即矩形和曲边梯形, 矩形面积可以求取, 所以只要求出曲边梯形的面积, 就可求得曲边图形的面积, 曲边梯形是曲边图形的基元.

下面应用同样的思想介绍求曲边梯形的面积, 但在具体操作时还要针对"曲边"这一特点进行特殊处理.

（1）分割

在区间 $[a,b]$ 内插入若干分点:
$$a = x_0 < x_1 < x_2 < \cdots < x_i < \cdots < x_n = b,$$
并将区间 $[a,b]$ 分割为若干小区间, $[x_0, x_1]$, $[x_1, x_2]$, $\cdots$, $[x_{i-1}, x_i]$, $\cdots$, $[x_{n-1}, x_n]$, 小区间的长度分别记为 Δx_i, 即 $\Delta x_1 = x_1 - x_0$, $\Delta x_2 = x_2 - x_1$, $\cdots$, $\Delta x_n = x_n - x_{n-1}$, 过每个分点作平行于 y 轴的直线, 沿此直线进行图形的分割, 把曲边梯形分成 n 个小曲边梯形, 假设每个小曲边梯形的面积为 ΔA_i, $i = 1, 2, \cdots, n$.

（2）求值（求近似值）

当插入分点足够多, 每一个小的曲边梯形足够小时, 如图 5.1.4 所示, 每个小曲边梯形都用一个等宽的小矩形代替, 每个小曲边梯形的面积都近似地等于小矩形的面积, 则所有小矩形面积的和就是曲边梯形面积的近似值, 这种思想为"以直代曲". 在每个小区间 $[x_{i-1}, x_i]$ 上任取一点 ξ_i, 以 $[x_{i-1}, x_i]$ 为底、$f(\xi_i)$ 为高的窄矩形近似替代第 i 个窄曲边梯形 $(i = 1, 2, \cdots, n)$. 即 $\Delta A_i = f(\xi_i) \Delta x_i$.

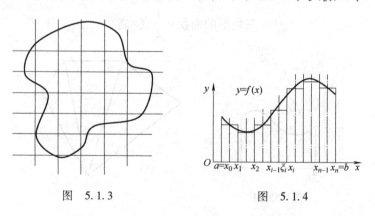

图 5.1.3   图 5.1.4

（3）求和

把这样得到的 n 个窄矩形面积之和作为所求曲边梯形面积 A

的近似值，即

$$A \approx f(\xi_1)\Delta x_1 + f(\xi_2)\Delta x_2 + \cdots + f(\xi_n)\Delta x_n = \sum_{i=1}^{n} f(\xi_i)\Delta x_i.$$

（4）取极限（求精确值）

显然，分点越多、每个小曲边梯形越窄，所求得的曲边梯形面积 A 的近似值就越接近曲边梯形面积 A 的精确值，因此，要求曲边梯形面积 A 的精确值，只需无限地增加分点，使每个小曲边梯形的宽度趋于零. 记 $\lambda = \max\{\Delta x_1, \Delta x_2, \cdots, \Delta x_n\}$，即 λ 为区间中长度的最大值，于是令 $\lambda \to 0$，即当最长的趋近于零时，就能保证每个小曲边梯形的宽度均趋于零. 所以曲边梯形的面积为

$$A = \lim_{\lambda \to 0} \sum_{i=1}^{n} f(\xi_i)\Delta x_i.$$

2. 变速直线运动的路程

设物体做直线运动，已知速度 $v = v(t)$ 是时间间隔 $[T_1, T_2]$ 上 t 的连续函数，且 $v(t) \geq 0$，计算在这段时间内物体所经过的路程 s.

（1）分割

在时间间隔 $[T_1, T_2]$ 内任意插入若干个分点

$$T_1 = t_0 < t_1 < \cdots < t_{n-1} < t_n = T_2,$$

把 $[T_1, T_2]$ 分成 n 个小时间段

$$[t_0, t_1], [t_1, t_2], \cdots, [t_{n-1}, t_n],$$

各小段时间的间隔依次为

$$\Delta t_1 = t_1 - t_0, \Delta t_2 = t_2 - t_1, \cdots, \Delta t_n = t_n - t_{n-1}.$$

相应地，在各段时间内物体经过的路程依次为

$$\Delta s_1, \Delta s_2, \cdots, \Delta s_n.$$

（2）求值（求近似值）

在足够小的时间间隔内，物体运动可以看成是匀速的. 在时间间隔 $[t_{i-1}, t_i]$ 上任取一个时刻 $\tau_i (t_{i-1} < \tau_i < t_i)$，以 τ_i 时刻的速度 $v(\tau_i)$ 来代替 $[t_{i-1}, t_i]$ 上各个时刻的速度，得到部分路程 Δs_i 的近似值，即 $\Delta s_i = v(\tau_i)\Delta t_i (i = 1, 2, \cdots, n)$.

（3）求和

把物体在每一小的时间间隔 Δt_i 内运动的距离加起来作为物体在时间间隔 $[T_1, T_2]$ 内所经过的路程 s 的近似值. 于是这 n 段部分路程的近似值之和就是所求变速直线运动路程 s 的近似值，即

$$s \approx \sum_{i=1}^{n} v(\tau_i)\Delta t_i.$$

（4）取极限（求精确值）

记 $\lambda = \max\{\Delta t_1, \Delta t_2, \cdots, \Delta t_n\}$，当 $\lambda \to 0$ 时，取上述和式的极限，即得变速直线运动的路程

$$s = \lim_{\lambda \to 0} \sum_{i=1}^{n} v(\tau_i) \Delta t_i.$$

3. 变力所做的功

设单位质量的质点 m 受力的作用沿 x 轴由 a 移动至 b，并设质点所受的力 F 处处平行于 x 轴. 如果 F 是常量，则由力学知道，力 F 对质点 m 从 a 到 b 所做的功为 $W=F(b-a)$. 现在将问题变为，力 F 不是常量而是质点 m 所在位置 x 的连续函数 $F=F(x)$，$a \le x \le b$. 那么 F 对质点 m 所做的功 W 应如何计算？

我们仍按求曲边梯形的思想来分析. 在区间 $[a,b]$ 内任取 $n-1$ 个分点 x_1，x_2，$\cdots$，x_{n-1}，把 $[a,b]$ 分成 n 个小区间 $[x_i,x_{i-1}]$，$i=1$，2，$\cdots$，n，这里 $x_0=a$，$x_n=b$. 当各个小区间的长度都很小时，在小区间上的力 F 可以看作常量

$$F \approx F(\xi_i), \xi_i \in [x_{i-1},x_i], i=1,2,\cdots,n$$

于是 $F(\xi_i)(x_i-x_{i-1})$ 就近似于力 F 从点 x_{i-1} 到 x_i 所做的功 W_i，从而

$$W = \sum_{i=1}^{n} W_i \approx \sum_{i=1}^{n} F(\xi_i)(x_i - x_{i-1}) \tag{5.1.1}$$

当分点越来越多，同时各个小区间的长度越来越小时，式 (5.1.1) 的近似程度将越来越精确. 因此，当分点无限地增多，同时最长的小区间的长度趋于零，和式

$$\sum_{i=1}^{n} F(\xi_i)(x_i - x_{i-1}) \tag{5.1.2}$$

就趋近于在变力 F 作用下单位质点 m 由点 a 移动到点 b 所做的功.

这说明求变力做功问题，可以归结到求和式(5.1.2)的极限问题.

5.1.2 定积分的定义

抛开上述问题的具体意义，抓住它们在数量关系上共同的本质与特性加以概括，就抽象出下述定积分的定义.

定义 5.1.1 设函数 $f(x)$ 在 $[a,b]$ 上有界，用分点 $a=x_0<x_1<x_2\cdots<x_{n-1}<x_n=b$ 把 $[a,b]$ 分成 n 个小区间：$[x_0,x_1]$，$[x_1,x_2]$，$[x_2,x_3]$，$\cdots$，$[x_{n-1},x_n]$，记 $\Delta x_i = x_i - x_{i-1}(i=1,2,\cdots,n)$，任 $\xi_i \in [x_{i-1},x_i](i=1,2,\cdots,n)$，作和

$$S = \sum_{i=1}^{n} f(\xi_i) \Delta x_i.$$

记 $\lambda = \max\{\Delta x_1,\Delta x_2,\cdots,\Delta x_n\}$，如果当 $\lambda \to 0$ 时，上述和式的极限存在，且极限值与区间 $[a,b]$ 的分法和 ξ_i 的取法无关，则称这个极限为函数 $f(x)$ 在区间 $[a,b]$ 上的定积分，记作

$$\int_a^b f(x)\,\mathrm{d}x,$$

即
$$\int_a^b f(x)\,\mathrm{d}x = \lim_{\lambda \to 0} \sum_{i=1}^n f(\xi_i)\Delta x_i.$$

其中，x 称为积分变量；$f(x)$ 称为被积函数；$f(x)\,\mathrm{d}x$ 称为被积表达式；$[a,b]$ 为积分区间；a 为积分上限；b 为积分下限.

根据定积分的定义，曲边梯形的面积为 $A = \int_a^b f(x)\,\mathrm{d}x$，变速直线运动的路程为 $s = \int_{T_1}^{T_2} v(t)\,\mathrm{d}t$，变力所做的功为 $W = \int_a^b F(x)\,\mathrm{d}x$.

说明　（1）定积分的值只与被积函数及积分区间有关，而与积分变量的记法无关，即
$$\int_a^b f(x)\,\mathrm{d}x = \int_a^b f(t)\,\mathrm{d}t = \int_a^b f(u)\,\mathrm{d}u.$$

（2）和 $\sum_{i=1}^n f(\xi_i)\Delta x_i$ 通常称为 $f(x)$ 的积分和.

（3）如果函数 $f(x)$ 在 $[a,b]$ 上的定积分存在，则称 $f(x)$ 在区间 $[a,b]$ 上可积.

（4）极限过程 $\lambda \to 0$ 表示分割越来越细的过程，当然随着分割 T 越来越细、分点个数 n 也越来越多，即 $n \to \infty$. 但反过来，$n \to \infty$ 并不能保证 $\|T\| \to 0$.

对于定积分，我们需要考虑一个重要问题：函数 $f(x)$ 在 $[a,b]$ 上满足什么条件时，$f(x)$ 在 $[a,b]$ 上可积呢？该问题不做深入讨论，只给出以下三个可积的充分条件.

定理 5.1.1　设 $f(x)$ 在区间 $[a,b]$ 上连续，则 $f(x)$ 在 $[a,b]$ 上可积.

定理 5.1.2　设 $f(x)$ 在区间 $[a,b]$ 上有界，且只有有限个间断点，则 $f(x)$ 在 $[a,b]$ 上可积.

定理 5.1.3　设 $f(x)$ 在区间 $[a,b]$ 上单调有界，则 $f(x)$ 在 $[a,b]$ 上可积.

例 5.1.1　计算定积分 $\int_0^1 x\,\mathrm{d}x$.

解法 1　定义法.

把区间 $[0,1]$ 分成 n 等份，分点和小区间长度分别为 $x_i = \dfrac{i}{n}$

$(i=1,2,\cdots,n-1)$，$\Delta x_i=\dfrac{1}{n}(i=1,2,\cdots,n)$．取 $\xi_i=\dfrac{i}{n}(i=1,2,\cdots,n)$，

作积分和

$$\sum_{i=1}^{n}f(\xi_i)\Delta x_i=\sum_{i=1}^{n}\xi_i\Delta x_i=\sum_{i=1}^{n}\frac{i}{n}\cdot\frac{1}{n}$$

$$=\frac{1}{n^2}\sum_{i=1}^{n}i=\frac{1}{n^2}\cdot\frac{(1+n)n}{2}=\frac{1}{2}+\frac{1}{2n},$$

因为 $\lambda=\dfrac{1}{n}$，当 $\lambda\to 0$ 时，$n\to\infty$，所以

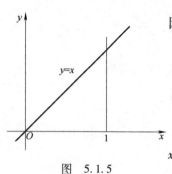

$$\int_0^1 x\mathrm{d}x=\lim_{\lambda\to 0}\sum_{i=1}^{n}f(\xi_i)\Delta x_i=\lim_{n\to\infty}\left(\frac{1}{2}+\frac{1}{2n}\right)=\frac{1}{2}.$$

解法 2 几何意义法

根据定积分的几何意义可知，所求定积分即为被积函数 $y=x$ 与 $x=0$，$x=1$ 及 x 轴所围图形面积(见图 5.1.5)，于是 $\displaystyle\int_0^1 x\mathrm{d}x=\frac{1}{2}$．

图　5.1.5

5.1.3　定积分的性质

为了定积分运算的需要，我们补充以下两个规定：

(1) 当 $a=b$ 时，$\displaystyle\int_a^b f(x)\mathrm{d}x=0$．

(2) 当 $a>b$ 时，$\displaystyle\int_a^b f(x)\mathrm{d}x=-\int_b^a f(x)\mathrm{d}x$．

下面讨论定积分的性质，并假定各性质中的定积分均存在．

> **性质 1**　函数的和(差)的定积分等于它们的定积分的和(差)，即
> $$\int_a^b\left[f(x)\pm g(x)\right]\mathrm{d}x=\int_a^b f(x)\mathrm{d}x\pm\int_a^b g(x)\mathrm{d}x.$$

$$\text{证}\quad\int_a^b\left[f(x)\pm g(x)\right]\mathrm{d}x=\lim_{\lambda\to 0}\sum_{i=1}^{n}\left[f(\xi_i)\pm g(\xi_i)\right]\Delta x_i$$

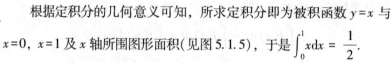

$$=\lim_{\lambda\to 0}\sum_{i=1}^{n}f(\xi_i)\Delta x_i\pm\lim_{\lambda\to 0}\sum_{i=1}^{n}g(\xi_i)\Delta x_i$$

$$=\int_a^b f(x)\mathrm{d}x\pm\int_a^b g(x)\mathrm{d}x.$$

> **性质 2**　被积函数的常数因子可以提到积分号外面，即
> $$\int_a^b kf(x)\mathrm{d}x=k\int_a^b f(x)\mathrm{d}x.$$

这是因为

$$\int_a^b kf(x)\,\mathrm{d}x = \lim_{\lambda \to 0}\sum_{i=1}^n kf(\xi_i)\Delta x_i = k\lim_{\lambda \to 0}\sum_{i=1}^n f(\xi_i)\Delta x_i = k\int_a^b f(x)\,\mathrm{d}x.$$

性质 3(区间可加性)　　如果将积分区间分成两部分,则在整个区间上的定积分等于这两部分区间上定积分之和,即

$$\int_a^b f(x)\,\mathrm{d}x = \int_a^c f(x)\,\mathrm{d}x + \int_c^b f(x)\,\mathrm{d}x.$$

这个性质表明定积分对于积分区间具有可加性.

值得注意的是不论 a,b,c 的相对位置如何总有等式

$$\int_a^b f(x)\,\mathrm{d}x = \int_a^c f(x)\,\mathrm{d}x + \int_c^b f(x)\,\mathrm{d}x$$

成立. 例如, 当 $a<b<c$ 时, 由于

$$\int_a^c f(x)\,\mathrm{d}x = \int_a^b f(x)\,\mathrm{d}x + \int_b^c f(x)\,\mathrm{d}x,$$

于是有

$$\int_a^b f(x)\,\mathrm{d}x = \int_a^c f(x)\,\mathrm{d}x - \int_b^c f(x)\,\mathrm{d}x = \int_a^c f(x)\,\mathrm{d}x + \int_c^b f(x)\,\mathrm{d}x.$$

性质 4　　如果在区间 $[a,b]$ 上 $f(x)=1$, 则

$$\int_a^b 1\,\mathrm{d}x = \int_a^b \mathrm{d}x = b - a.$$

性质 5　　如果在区间 $[a,b]$ 上 $f(x)\geqslant 0$, 则

$$\int_a^b f(x)\,\mathrm{d}x \geqslant 0\,(a < b).$$

推论 1　　如果在区间 $[a,b]$ 上 $f(x)\leqslant g(x)$, 则

$$\int_a^b f(x)\,\mathrm{d}x \leqslant \int_a^b g(x)\,\mathrm{d}x\,(a < b).$$

这是因为 $g(x)-f(x)\geqslant 0$, 从而

$$\int_a^b g(x)\,\mathrm{d}x - \int_a^b f(x)\,\mathrm{d}x = \int_a^b [g(x)-f(x)]\,\mathrm{d}x \geqslant 0,$$

所以

$$\int_a^b f(x)\,\mathrm{d}x \leqslant \int_a^b g(x)\,\mathrm{d}x.$$

推论 2　　$\left|\int_a^b f(x)\,\mathrm{d}x\right| \leqslant \int_a^b |f(x)|\,\mathrm{d}x\,(a < b).$

这是因为 $-|f(x)| \leqslant f(x) \leqslant |f(x)|$, 所以

$$-\int_a^b |f(x)| \, \mathrm{d}x \leqslant \int_a^b f(x)\,\mathrm{d}x \leqslant \int_a^b |f(x)| \, \mathrm{d}x,$$

即

$$\left| \int_a^b f(x)\,\mathrm{d}x \right| \leqslant \int_a^b |f(x)| \, \mathrm{d}x.$$

性质 6　设 M 及 m 分别是函数 $f(x)$ 在区间 $[a,b]$ 上的最大值及最小值,则

$$m(b-a) \leqslant \int_a^b f(x)\,\mathrm{d}x \leqslant M(b-a)\,(a<b).$$

证　因为 $m \leqslant f(x) \leqslant M$,所以

$$\int_a^b m\,\mathrm{d}x \leqslant \int_a^b f(x)\,\mathrm{d}x \leqslant \int_a^b M\,\mathrm{d}x,$$

从而

$$m(b-a) \leqslant \int_a^b f(x)\,\mathrm{d}x \leqslant M(b-a).$$

利用性质 6,只需求出 $f(x)$ 在 $[a,b]$ 上的最大值、最小值,就可以估计出积分值 $\int_a^b f(x)\,\mathrm{d}x$ 的大致范围,因此性质 6 也叫作估值性质.

※性质 7(定积分中值定理)　如果函数 $f(x)$ 在闭区间 $[a,b]$ 上连续,则在积分区间 $[a,b]$ 上至少存在一点 ξ,使下式成立:

$$\int_a^b f(x)\,\mathrm{d}x = f(\xi)(b-a).$$

这个公式叫作积分中值公式.

证　由 $f(x)$ 在闭区间 $[a,b]$ 上连续可知,$f(x)$ 在 $[a,b]$ 上一定存在最大值 M 和最小值 m,结合性质 6 得

$$m(b-a) \leqslant \int_a^b f(x)\,\mathrm{d}x \leqslant M(b-a),$$

各项除以 $b-a$ 得

$$m \leqslant \frac{1}{b-a}\int_a^b f(x)\,\mathrm{d}x \leqslant M,$$

再由连续函数的介值定理,在 $[a,b]$ 上至少存在一点 ξ,使

$$f(\xi) = \frac{1}{b-a}\int_a^b f(x)\,\mathrm{d}x,$$

于是两端同时乘以 $b-a$ 得中值公式

$$\int_a^b f(x)\,\mathrm{d}x = f(\xi)(b-a).$$

※性质 8(推广的积分中值定理)　若 $f(x)$ 和 $g(x)$ 在闭区间 $[a,b]$ 上连续,且 $g(x)$ 在 $[a,b]$ 上不变号,则在 $[a,b]$ 上至少存在一点 ξ,使得

$$\int_a^b f(x)g(x)\,\mathrm{d}x = f(\xi)\int_a^b g(x)\,\mathrm{d}x.$$

证　不妨设在 $[a,b]$ 上有 $g(x) \geqslant 0$，则在 $[a,b]$ 上有

$$mg(x) \leqslant f(x)g(x) \leqslant Mg(x)$$

其中 m,M 分别为 $f(x)$ 在 $[a,b]$ 上的最小值与最大值. 由推论 1 有

$$m \int_a^b g(x)\mathrm{d}x \leqslant \int_a^b f(x)g(x)\mathrm{d}x \leqslant M \int_a^b g(x)\mathrm{d}x.$$

若 $\int_a^b g(x)\mathrm{d}x = 0$，则由上式知 $\int_a^b f(x)g(x)\mathrm{d}x = 0$，从而对 $[a,b]$ 上任

何一点 ξ 都有 $\int_a^b f(x)g(x)\mathrm{d}x = f(\xi) \int_a^b g(x)\mathrm{d}x$ 成立. 若 $\int_a^b g(x)\mathrm{d}x \neq 0$，

则由上式得

$$m \leqslant \frac{\displaystyle\int_a^b f(x)g(x)\mathrm{d}x}{\displaystyle\int_a^b g(x)\mathrm{d}x} \leqslant M,$$

可知在 $[a,b]$ 上至少有一点 ξ，使

$$f(\xi) = \frac{\displaystyle\int_a^b f(x)g(x)\mathrm{d}x}{\displaystyle\int_a^b g(x)\mathrm{d}x}.$$

例 5.1.2　设 $f(x)$ 在 $[a,b]$ 上连续且 $f(x) \geqslant 0$，若 $\int_a^b f(x)\mathrm{d}x = 0$，

则 $f(x) \equiv 0$.

证　用反证法. 假若在某 $x_0(a < x_0 < b)$ 上有 $f(x_0) > 0$，则由连续
函数局部保号性必存在 x_0 的某邻域 $(x_0 - \delta, x_0 + \delta)$，使在其中 $f(x) >$
$\dfrac{f(x_0)}{2} > 0$，由性质 3 有

$$\int_a^b f(x)\mathrm{d}x = \int_a^{x_0-\delta} f(x)\mathrm{d}x + \int_{x_0-\delta}^{x_0+\delta} f(x)\mathrm{d}x + \int_{x_0+\delta}^b f(x)\mathrm{d}x,$$

由推论 1 知，右端第一、第三个积分皆非负，而第二个积分有

$$\int_{x_0-\delta}^{x_0+\delta} f(x)\mathrm{d}x > \frac{f(x_0)}{2}2\delta > f(x_0)\delta > 0,$$

从而 $\int_a^b f(x)\mathrm{d}x > 0$，这与 $\int_a^b f(x)\mathrm{d}x = 0$ 矛盾，因此假设不成立，即
有 $f(x) \equiv 0$.

习题 5.1

　1. 计算由抛物线 $y = x^2 + 1$，两直线 $x = 1$、$x = -1$
及 x 轴所围成的图形的面积.

　2. 计算如下定积分所表示图形的面积.

　(1) $\int_{-\frac{1}{2}}^1 (2x + 1)\mathrm{d}x$;

　(2) $\int_0^3 \sqrt{9 - x^2}\,\mathrm{d}x$;

　(3) $\int_{-\pi}^\pi \sin x\mathrm{d}x$;

　(4) 已知 $\int_0^{\frac{\pi}{2}} \cos x\mathrm{d}x = 1$，求 $\int_{-\frac{\pi}{2}}^{\frac{\pi}{2}} \cos x\mathrm{d}x$.

3. 已知 $\int_{-1}^{2} f(x)\mathrm{d}x = 5$, $\int_{2}^{5} f(x)\mathrm{d}x = 4$, $\int_{-1}^{2} g(x)\mathrm{d}x = 3$, 求:

(1) $\int_{-1}^{2} 6f(x)\mathrm{d}x$;   (2) $\int_{-1}^{5} f(x)\mathrm{d}x$;

(3) $\int_{-1}^{2} \frac{1}{3}[4f(x) - 5g(x)]\mathrm{d}x$;

(4) $\int_{5}^{2} f(x)\mathrm{d}x$.

4. 设 $f(x)$ 与 $g(x)$ 在 $[a,b]$ 上连续, 证明:

(1) 若在 $[a,b]$ 上, $f(x) \geqslant 0$, 且 $f(x)$ 在 $[a,b]$ 上不恒为零, 则 $\int_{a}^{b} f(x)\mathrm{d}x > 0$;

(2) 若在 $[a,b]$ 上, $f(x) \geqslant 0$, 且 $\int_{a}^{b} f(x)\mathrm{d}x = 0$, 则在 $[a,b]$ 上 $f(x) \equiv 0$.

5. 比较下列定积分的大小.

(1) $\int_{0}^{1} x^2\mathrm{d}x$ 与 $\int_{0}^{1} x^4\mathrm{d}x$;

(2) $\int_{0}^{1} \sqrt{x}\mathrm{d}x$ 与 $\int_{0}^{1} \sqrt[3]{x}\mathrm{d}x$;

(3) $\int_{2}^{4} \mathrm{e}^{x}\mathrm{d}x$ 与 $\int_{2}^{4} \mathrm{e}^{2x}\mathrm{d}x$;

(4) $\int_{1}^{2} \ln x\mathrm{d}x$ 与 $\int_{1}^{2} (\ln x)^2\mathrm{d}x$;

(5) $\int_{0}^{1} \mathrm{e}^{x}\mathrm{d}x$ 与 $\int_{0}^{1} (x + 1)\mathrm{d}x$;

(6) $\int_{0}^{\frac{\pi}{2}} \sin x\mathrm{d}x$ 与 $\int_{0}^{\frac{\pi}{2}} x\mathrm{d}x$.

6. 估计下列各积分的值:

(1) $\int_{1}^{3} (1 + x^3)\mathrm{d}x$;   (2) $\int_{2}^{5} \frac{1}{x + 2}\mathrm{d}x$;

(3) $\int_{\frac{\pi}{4}}^{\frac{5\pi}{4}} (1 + \cos^2 x)\mathrm{d}x$;   (4) $\int_{0}^{2} \mathrm{e}^{x^2}\mathrm{d}x$;

(5) $\int_{-1}^{3} \frac{x}{x^2 + 1}\mathrm{d}x$.

5.2   微积分基本公式

虽然定积分定义为积分和的极限, 但一般来说直接用定义来验证函数的可积性并计算积分值是很困难的事. 本节介绍的牛顿-莱布尼茨公式, 在原函数存在的前提条件下, 成功地解决了判定可积性与计算积分值的问题. 这一公式, 无论在理论上, 或者是在实际应用中, 都有重要的意义.

5.2.1   积分上限函数及其导数

回顾定积分的几何意义, 我们知道, 当被积函数给定, 积分区间一旦固定时, 定积分的结果就是常数. 现在将其中一个端点变量化, 即不失一般性地假设端点 b 不再固定, 而是可以沿着 x 轴方向移动, 可以看出, 所围图形的面积随 b 的移动不断变化, 由图 5.2.1 变为图 5.2.2, 进而定积分的结果不再为常数, 而变为积分右端点的函数, 即得到积分变上限函数.

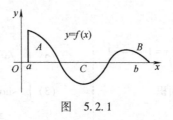

图   5.2.1

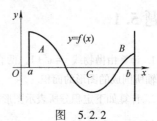

图   5.2.2

设函数 $f(x)$ 在区间 $[a,b]$ 上连续，并且设 x 为 $[a,b]$ 上的一点. $f(x)$ 在 $[a,x]$ 上也连续，因此定积分 $\int_a^x f(x)\mathrm{d}x$ 存在. 我们把函数 $f(x)$ 在部分区间 $[a,x]$ 上的定积分

$$\int_a^x f(x)\mathrm{d}x$$

称为积分上限的函数. 它是区间 $[a,b]$ 上的函数，记为

$$\Phi(x) = \int_a^x f(x)\mathrm{d}x.$$

这里 x 既表示积分上限，又表示积分变量. 由于定积分与积分变量无关，若用 t 表示积分变量，则积分上限函数可改写为

$$\Phi(x) = \int_a^x f(t)\mathrm{d}t.$$

> **定理 5.2.1**　如果函数 $f(x)$ 在区间 $[a,b]$ 上连续，则函数
>
> $$\Phi(x) = \int_a^x f(x)\mathrm{d}x$$
>
> 在 $[a,b]$ 上具有导数，并且它的导数为
>
> $$\Phi'(x) = \frac{\mathrm{d}}{\mathrm{d}x}\int_a^x f(t)\mathrm{d}t = f(x)\,(a \leqslant x < b).$$

注　（1）定理 5.2.1 同时还证明了：连续函数一定有原函数，并以积分形式 $\Phi(x) = \int_a^x f(t)\mathrm{d}t$ 具体给出了 $f(x)$ 的一个原函数. 因此，定理 5.2.1 又被称为原函数存在定理.

（2）定理 5.2.1 也说明了不定积分与定积分的内在联系，即若 $f(x)$ 在区间 $[a,b]$ 上连续，则 $f(x)$ 在区间 $[a,b]$ 上的不定积分可用积分上限函数表示

$$\int f(x)\mathrm{d}x = \int_a^x f(t)\mathrm{d}t + C.$$

（3）由关系式 $\Phi'(x) = f(x)$ 可以看出，求导运算正是求积分上限运算的逆运算.

例 5.2.1　求 $\dfrac{\mathrm{d}}{\mathrm{d}x}\left(\int_0^x \ln t\,\mathrm{d}t\right)$.

解
$$\frac{\mathrm{d}}{\mathrm{d}x}\left(\int_0^x \ln t\,\mathrm{d}t\right) = \ln x.$$

例 5.2.2　求 $\int_{\ln x}^1 \mathrm{e}^t\mathrm{d}t$ 的导数.

解　由
$$\int_{\ln x}^1 \mathrm{e}^t\mathrm{d}t = -\int_1^{\ln x} \mathrm{e}^t\mathrm{d}t$$

$$\frac{\mathrm{d}}{\mathrm{d}t}\Big(-\int_1^{\ln x}\mathrm{e}^t\,\mathrm{d}t\Big)=-\mathrm{e}^{(\ln x)}\cdot(\ln x)'$$

得
$$=-x\cdot\frac{1}{x}$$
$$=-1.$$

例 5.2.3   求 $\displaystyle\lim_{x\to\infty}\frac{\int_0^x t^3\mathrm{e}^{t^3}\,\mathrm{d}t}{x\mathrm{e}^{x^3}}$.

解   原式为 $\dfrac{\infty}{\infty}$ 型不定式，应用洛必达法则得

$$\lim_{x\to\infty}\frac{\int_0^x t^3\mathrm{e}^{t^3}\,\mathrm{d}t}{x\mathrm{e}^{x^3}}=\lim_{x\to\infty}\frac{x^3\mathrm{e}^{x^3}}{\mathrm{e}^{x^3}+x\mathrm{e}^{x^3}\cdot3x^2}=\lim_{x\to\infty}\frac{x^3}{1+3x^3}=\frac{1}{3}.$$

5.2.2 牛顿-莱布尼茨公式

> **定理 5.2.2**   如果函数 $F(x)$ 是连续函数 $f(x)$ 在区间 $[a,b]$ 上的一个原函数，则
> $$\int_a^b f(x)\,\mathrm{d}x=F(b)-F(a).$$
> 此公式称为牛顿-莱布尼茨公式，也称为**微积分基本公式**.

证明   已知函数 $F(x)$ 是连续函数 $f(x)$ 的一个原函数，又根据定理 5.2.1，积分上限函数

$$\Phi(x)=\int_a^x f(t)\,\mathrm{d}t$$

也是 $f(x)$ 的一个原函数. 于是有一常数 C，使

$$F(x)-\Phi(x)=C\,(a\leqslant x\leqslant b).$$

当 $x=a$ 时，有 $F(a)-\Phi(a)=C$，而 $\Phi(a)=0$，所以 $C=F(a)$；当 $x=b$ 时，$F(b)-\Phi(b)=F(a)$，所以 $\Phi(b)=F(b)-F(a)$，即

$$\int_a^b f(x)\,\mathrm{d}x=F(b)-F(a).$$

为了方便起见，可把 $F(b)-F(a)$ 记成 $\big[F(x)\big]_a^b$，于是

$$\int_a^b f(x)\,\mathrm{d}x=\big[F(x)\big]_a^b=F(b)-F(a).$$

牛顿-莱布尼茨公式的重要性在于，它使得计算定积分问题从求和式的极限转化为求被积函数的原函数在 $[a,b]$ 上的增量问题.

例 5.2.4   计算 $\displaystyle\int_0^1 x\,\mathrm{d}x$.

解   由于 $\dfrac{1}{2}x^2$ 是 x 的一个原函数，所以

$$\int_0^1 x\mathrm{d}x = \left[\frac{1}{2}x^2\right]_0^1 = \frac{1}{2}\times 1^2 - \frac{1}{2}\times 0^2 = \frac{1}{2}.$$

例 5.2.5 计算 $\int_0^{\frac{\pi}{2}}\sin x\mathrm{d}x$.

解 由于 $-\cos x$ 为 $\sin x$ 的一个原函数，应用牛顿-莱布尼茨公式有

$$\int_0^{\frac{\pi}{2}}\sin x\mathrm{d}x = -\cos x\Big|_0^{\frac{\pi}{2}} = -\cos\frac{\pi}{2} + \cos 0 = 1.$$

例 5.2.6 计算 $\int_a^b x^n\mathrm{d}x$（n 为正整数）.

解 由于 $\frac{x^{n+1}}{n+1}$ 为 x^n 的一个原函数，应用牛顿-莱布尼茨公式有

$$\int_a^b x^n\mathrm{d}x = \frac{x^{n+1}}{n+1}\Big|_a^b = \frac{b^{n+1} - a^{n+1}}{n+1}.$$

例 5.2.7 计算 $\int_0^{\frac{\pi}{4}}(\tan^2 x - \cos x)\mathrm{d}x$.

解
$$\int_0^{\frac{\pi}{4}}(\tan^2 x - \cos x)\mathrm{d}x = \int_0^{\frac{\pi}{4}}\tan^2 x\mathrm{d}x - \int_0^{\frac{\pi}{4}}\cos x\mathrm{d}x$$
$$= \int_0^{\frac{\pi}{4}}(\sec^2 x - 1)\mathrm{d}x - \sin x\Big|_0^{\frac{\pi}{4}}$$
$$= 1 - \frac{\pi}{4} - \frac{\sqrt{2}}{2}.$$

例 5.2.8 计算 $\int_1^2\left(\frac{1}{x} - 2^x\mathrm{e}^x\right)\mathrm{d}x$.

解
$$\int_1^2\frac{1}{x}\mathrm{d}x - \int_1^2(2\mathrm{e})^x\mathrm{d}x = \ln x\Big|_1^2 - \frac{(2\mathrm{e})^x}{\ln 2\mathrm{e}}\Big|_1^2$$
$$= \ln 2 - \frac{1}{\ln 2\mathrm{e}}(4\mathrm{e}^2 - 2\mathrm{e})$$
$$= \ln 2 - \frac{4\mathrm{e}^2 - 2\mathrm{e}}{\ln 2 + 1}.$$

例 5.2.9 设 $f(x)$ 在 $[0, +\infty)$ 内连续且 $f(x)>0$. 证明函数

$$F(x) = \frac{\int_0^x tf(t)\mathrm{d}t}{\int_0^x f(t)\mathrm{d}t}$$

在 $(0, +\infty)$ 内为单调增加函数.

证明 $\dfrac{\mathrm{d}}{\mathrm{d}x}\int_0^x tf(t)\mathrm{d}t = xf(x)$，$\dfrac{\mathrm{d}}{\mathrm{d}x}\int_0^x f(t)\mathrm{d}t = f(x)$. 故

$$F'(x) = \frac{xf(x)\int_0^x f(t)\,\mathrm{d}t - f(x)\int_0^x tf(t)\,\mathrm{d}t}{\left(\int_0^x f(t)\,\mathrm{d}t\right)^2} = \frac{f(x)\int_0^x (x-t)f(t)\,\mathrm{d}t}{\left(\int_0^x f(t)\,\mathrm{d}t\right)^2}.$$

按假设，当 $0<t<x$ 时 $f(t)>0$，$(x-t)f(t)>0$，所以

$$\int_0^x f(t)\,\mathrm{d}t > 0, \quad \int_0^x (x-t)f(t)\,\mathrm{d}t > 0,$$

从而 $F'(x)>0(x>0)$，这就证明了 $F(x)$ 在 $(0,+\infty)$ 内为单调增加函数.

习题 5.2

1. 计算下列各导数.

(1) $\dfrac{\mathrm{d}}{\mathrm{d}x}\int_0^x \cos(2t-1)\,\mathrm{d}t$；　(2) $\dfrac{\mathrm{d}}{\mathrm{d}x}\int_0^{2x} \mathrm{e}^{t^2}\,\mathrm{d}t$.

2. 函数 $y=y(x)$ 由方程 $\int_0^y \mathrm{e}^{t^2}\,\mathrm{d}t + \int_0^x \cos t\,\mathrm{d}t = 0$ 确定，求 $y'(0)$.

3. 计算下列各极限.

(1) $\lim\limits_{x\to+\infty}\left(\int_0^x \mathrm{e}^{t^2}\,\mathrm{d}t\right)^{\frac{1}{x^2}}$；

(2) $\lim\limits_{x\to 0}\dfrac{1}{x}\int_0^x \cos t^2\,\mathrm{d}t$；

(3) $\lim\limits_{x\to\infty}\dfrac{\left(\int_0^x \mathrm{e}^{t^2}\,\mathrm{d}t\right)^2}{\int_0^x \mathrm{e}^{2t^2}\,\mathrm{d}t}$.

4. 计算下列定积分.

(1) $\int_1^2 (x^2+3x+4)\,\mathrm{d}x$；　(2) $\int_1^3 \left(x^4-\dfrac{2}{x}\right)\,\mathrm{d}x$；

(3) $\int_1^4 \left(\sqrt{x}-\dfrac{1}{\sqrt[3]{x}}\right)\,\mathrm{d}x$；　(4) $\int_1^{\sqrt{3}}\dfrac{\mathrm{d}x}{1+x^2}$；

(5) $\int_{-\frac{\sqrt{3}}{2}}^{\frac{\sqrt{3}}{2}}\dfrac{\mathrm{d}x}{\sqrt{1-x^2}}$；　(6) $\int_0^1 \dfrac{1-x^2}{1+x^2}\,\mathrm{d}x$；

(7) $\int_{-\mathrm{e}-2}^{-3}\dfrac{\mathrm{d}x}{2+x}$；　(8) $\int_0^{\frac{\pi}{4}}\tan^2\theta\,\mathrm{d}\theta$；

(9) $\int_{\mathrm{e}}^{\mathrm{e}^2}\dfrac{\mathrm{d}x}{x\ln x}$；　(10) $\int_0^1 xf'(x^2)\,\mathrm{d}x$.

5. (1) 设函数 $f(x)$ 在区间 $[0,1]$ 上连续，且 $f(x)=4x^3-3x^2\int_0^1 f(x)\,\mathrm{d}x$，求 $f(1)$；

(2) 设函数 $f(x)$ 在区间 $[0,10]$ 上连续，且 $\int_0^{x^3+2} f(t)\,\mathrm{d}t = 5+x^4$，求 $f(10)$.

6. 求 $\int_{-1}^1 f(x)\,\mathrm{d}x$. 其中

$$f(x)=\begin{cases} 2x-1, & -1\leqslant x<0, \\ \mathrm{e}^{-x}, & 0\leqslant x\leqslant 1. \end{cases}$$

7. 设 $f(x)$ 在 $[a,b]$ 上连续，$F(x)=\int_a^x f(t)\,(x-t)\,\mathrm{d}t$，证明 $F''(x)=f(x)$，$x\in[a,b]$.

5.3　定积分的换元积分法和分部积分法

5.2 节通过牛顿-莱布尼茨公式将定积分与不定积分紧密地联系在了一起，因此，不定积分的计算方法，在定积分中同样适用. 但由于定积分运算中存在积分上下限的代换计算，使得函数定积分的运算产生了更多的性质和变化.

5.3.1　换元积分法

> **定理 5.3.1**　若函数 $f(x)$ 在 $[a,b]$ 上连续，函数 $x=\varphi(t)$ 满足下列条件：
>
> （1）$\varphi(t)$ 在 $[\alpha,\beta]$ 上连续，且 $a\leqslant\varphi(t)\leqslant b(\alpha\leqslant t\leqslant\beta)$；
>
> （2）$\varphi(\alpha)=a$，$\varphi(\beta)=b$；
>
> （3）$\varphi'(t)$ 在 $[\alpha,\beta]$ 上连续，则
>
> $$\int_a^b f(x)\,\mathrm{d}x = \int_\alpha^\beta f(\varphi(t))\varphi'(t)\,\mathrm{d}t.$$
>
> 这个公式叫作定积分的换元公式.

证　由假设知，$f(x)$ 在区间 $[a,b]$ 上是连续的，因而是可积的；$f(\varphi(t))\varphi'(t)$ 在区间 $[\alpha,\beta]$（或 $[\beta,\alpha]$）上也是连续的，因而是可积的.

假设 $F(x)$ 是 $f(x)$ 的一个原函数，则

$$\int_a^b f(x)\,\mathrm{d}x = F(b) - F(a).$$

另一方面，因为 $[F(\varphi(t))]'=F'(\varphi(t))\varphi'(t)=f(\varphi(t))\varphi'(t)$，所以 $F(\varphi(t))$ 是 $f(\varphi(t))\varphi'(t)$ 的一个原函数，从而

$$\int_\alpha^\beta f(\varphi(t))\varphi'(t)\,\mathrm{d}t = F(\varphi(\beta)) - F(\varphi(\alpha)) = F(b) - F(a).$$

因此　　　　　$\displaystyle\int_a^b f(x)\,\mathrm{d}x = \int_\alpha^\beta f(\varphi(t))\varphi'(t)\,\mathrm{d}t.$

注　（1）从这个定理看到在应用换元法计算定积分时，当被积函数的变量由 x 变成 t，积分上、下限也要相应地换成变量 t 的积分上、下限. 在求出 $f(\varphi(t))\varphi'(t)$ 的一个原函数 $\Phi(t)$ 后，不需要再将原函数中的 t 换成 x，只需将新变量 t 的上、下限分别代入 $\Phi(t)$ 中再相减就可以了.

（2）在换元时应要求 $x=\varphi(t)$ 在 $[\alpha,\beta]$ 上严格单调. 从而使每一个 $x\in[a,b]$ 都有唯一确定的 $t\in[\alpha,\beta]$ 与它相对应.

例 5.3.1　计算 $\displaystyle\int_0^1\sqrt{1-x^2}\,\mathrm{d}x$.

解　令 $x=\sin t$，$\mathrm{d}x=\cos t\mathrm{d}t$ 则当 t 从 0 变到 $\dfrac{\pi}{2}$ 时，x 从 0 递增到 1，故取 $\alpha=0$，$\beta=1$. 应用定积分换元积分法并注意到在第一象限中 $\cos t\geqslant 0$，故有

$$\int_0^1\sqrt{1-x^2}\,\mathrm{d}x = \int_0^{\frac{\pi}{2}}\sqrt{1-\sin^2 t}\cos t\mathrm{d}t = \int_0^{\frac{\pi}{2}}\cos^2 t\mathrm{d}t$$

$$= \int_0^{\frac{\pi}{2}} \frac{1 + \cos 2t}{2} dt = \frac{1}{2} \left[t + \frac{\sin 2t}{2} \right] \Big|_0^{\frac{\pi}{2}}$$

$$= \frac{1}{2} \times \frac{\pi}{2} = \frac{\pi}{4}.$$

例 5.3.2 计算 $\int_0^{\frac{\pi}{2}} \sin t \cos t \, dt.$

解 令 $u = \sin t$，则 $du = \cos t \, dt$. 当 t 由 0 变到 $\frac{\pi}{2}$ 时，u 从 0 递增到 1，应用定积分换元积分法有

$$\int_0^{\frac{\pi}{2}} \sin t \cos t \, dt = \int_0^1 u \, du = \frac{u^2}{2} \Big|_0^1 = \frac{1}{2}.$$

例 5.3.3 计算 $J = \int_0^1 \frac{\ln(1 + x)}{1 + x^2} dx.$

解 令 $x = \tan t (= \varphi(t))$，则当 t 从 0 变到 $\frac{\pi}{4}$ 时，x 从 0 递增到 1，所以可取 $\alpha = 0$，$\beta = \frac{\pi}{4}$. 于是由定积分换元积分法及 $\frac{dx}{1 + x^2} = dt$，得

$$J = \int_0^{\frac{\pi}{4}} \ln(1 + \tan t) \, dt = \int_0^{\frac{\pi}{4}} \ln \frac{\cos t + \sin t}{\cos t} dt$$

$$= \int_0^{\frac{\pi}{4}} \ln \frac{\cos t + \cos\left(\frac{\pi}{2} - t\right)}{\cos t} dt = \int_0^{\frac{\pi}{4}} \ln \frac{2\cos\frac{\pi}{4}\cos\left(\frac{\pi}{4} - t\right)}{\cos t} dt$$

$$= \int_0^{\frac{\pi}{4}} \ln\sqrt{2} \, dt + \int_0^{\frac{\pi}{4}} \ln\left[\cos\left(\frac{\pi}{4} - t\right)\right] dt - \int_0^{\frac{\pi}{4}} \ln(\cos t) \, dt,$$

对第二个积分，令 $\frac{\pi}{4} - t = u$ 作换元时，有

$$\int_0^{\frac{\pi}{4}} \ln\left[\cos\left(\frac{\pi}{4} - t\right)\right] dt = \int_{\frac{\pi}{4}}^0 \ln(\cos u)(-du)$$

$$= \int_0^{\frac{\pi}{4}} \ln(\cos u) \, du.$$

所以 J 中第二个积分与第三个积分相互抵消，故得

$$J = \int_0^{\frac{\pi}{4}} \ln\sqrt{2} \, dt = \frac{\pi}{4} \ln\sqrt{2} = \frac{\pi}{8} \ln 2.$$

此例中的被积函数是不能用初等函数来表示的. 因此牛顿-莱布尼茨公式也就无法直接利用. 但是通过，利用定积分性质和换元法仍然能够求出定积分的值.

下面以例题的形式介绍奇偶函数在对称区间上的定积分以及周期函数的定积分的性质,以下得出的结论可以在计算其他问题中直接使用.

例 5.3.4 证明:若函数 $f(x)$ 在对称区间 $[-a,a]$ 上连续且具有奇偶性,则偶函数在对称区间内的定积分满足 $\int_{-a}^{a} f(x)\mathrm{d}x = 2\int_{0}^{a} f(x)\mathrm{d}x$;奇函数在对称区间内的定积分必为零.

证 因为 $\int_{-a}^{a} f(x)\mathrm{d}x = \int_{-a}^{0} f(x)\mathrm{d}x + \int_{0}^{a} f(x)\mathrm{d}x$,

而 $\int_{-a}^{0} f(x)\mathrm{d}x \xupuparrows[]{\text{令}\,x=-t} -\int_{a}^{0} f(-t)\mathrm{d}t = \int_{0}^{a} f(-t)\mathrm{d}t = \int_{0}^{a} f(-x)\mathrm{d}x$,

所以
$$\int_{-a}^{a} f(x)\mathrm{d}x = \int_{0}^{a} f(-x)\mathrm{d}x + \int_{0}^{a} f(x)\mathrm{d}x$$
$$= \int_{0}^{a} [f(-x) + f(x)]\mathrm{d}x.$$

若 $f(x)$ 为偶函数,则 $f(-x)+f(x)=2f(x)$,从而
$$\int_{-a}^{a} f(x)\mathrm{d}x = \int_{-a}^{a} 2f(x)\mathrm{d}x = 2\int_{0}^{a} f(x)\mathrm{d}x$$

若 $f(x)$ 为奇函数,则 $f(-x)+f(x)=0$,从而
$$\int_{-a}^{a} f(x)\mathrm{d}x = \int_{0}^{a} [f(-x) + f(x)]\mathrm{d}x = 0.$$

例 5.3.5 计算 $\int_{-\pi}^{\pi} x\cos x\mathrm{d}x$.

解 注意积分区间对称,x 为奇函数,$\cos x$ 为偶函数,所以 $x\cos x$ 为奇函数,
$$\text{故} \int_{-\pi}^{\pi} x\cos x\mathrm{d}x = 0.$$

例 5.3.6 若 $f(x)$ 在 $[0,1]$ 上连续,证明:

(1) $\int_{0}^{\frac{\pi}{2}} f(\sin x)\mathrm{d}x = \int_{0}^{\frac{\pi}{2}} f(\cos x)\mathrm{d}x$;

(2) $\int_{0}^{\pi} xf(\sin x)\mathrm{d}x = \frac{\pi}{2}\int_{0}^{\pi} f(\sin x)\mathrm{d}x$.

证 (1) 令 $x=\frac{\pi}{2}-t$,则
$$\int_{0}^{\frac{\pi}{2}} f(\sin x)\mathrm{d}x = -\int_{\frac{\pi}{2}}^{0} f\left[\sin\left(\frac{\pi}{2} - t\right)\right]\mathrm{d}t$$
$$= \int_{0}^{\frac{\pi}{2}} f\left[\sin\left(\frac{\pi}{2} - t\right)\right]\mathrm{d}t = \int_{0}^{\frac{\pi}{2}} f(\cos x)\mathrm{d}x.$$

(2) 令 $x = \pi - t$, 则

$$\int_0^\pi xf(\sin x)\,\mathrm{d}x = -\int_\pi^0 (\pi - t)f[\sin(\pi - t)]\,\mathrm{d}t$$

$$= \int_0^\pi (\pi - t)f[\sin(\pi - t)]\,\mathrm{d}t$$

$$= \int_0^\pi (\pi - t)f(\sin t)\,\mathrm{d}t$$

$$= \pi\int_0^\pi f(\sin t)\,\mathrm{d}t - \int_0^\pi tf(\sin t)\,\mathrm{d}t$$

$$= \pi\int_0^\pi f(\sin x)\,\mathrm{d}x - \int_0^\pi xf(\sin x)\,\mathrm{d}x,$$

所以 $\qquad \int_0^\pi xf(\sin x)\,\mathrm{d}x = \dfrac{\pi}{2}\int_0^\pi f(\sin x)\,\mathrm{d}x.$

例 5.3.7 计算 $\displaystyle\int_{-\pi}^\pi x\sin^3 x\,\mathrm{d}x.$

解 注意到积分区间对称, $x\sin^3 x$ 是偶函数, 结合例 5.3.6 得

$$\int_{-\pi}^\pi x\sin^3 x\,\mathrm{d}x = 2\int_0^\pi x\sin^3 x\,\mathrm{d}x$$

$$= 2\cdot\frac{\pi}{2}\int_0^{\frac{\pi}{2}} \sin^3 x\,\mathrm{d}x$$

$$= -\pi\int_0^{\frac{\pi}{2}} \sin^2 x\,\mathrm{d}(\cos x)$$

$$= -\pi\int_0^{\frac{\pi}{2}} (1 - \cos^2 x)\,\mathrm{d}(\cos x)$$

$$= -\pi\left[\cos x - \frac{1}{3}\cos^3 x\right]_0^{\frac{\pi}{2}} = \frac{2}{3}\pi.$$

例 5.3.8 设 $f(x)$ 是周期为 T 的连续函数, 证明 $\displaystyle\int_a^{a+T} f(x)\,\mathrm{d}x = \int_0^T f(x)\,\mathrm{d}x.$

证 记 $\Phi(a) = \displaystyle\int_a^{a+T} f(x)\,\mathrm{d}x$, 则

$$\Phi'(a) = \left[\int_0^{a+T} f(x)\,\mathrm{d}x - \int_0^a f(x)\,\mathrm{d}x\right]' = f(a + T) - f(a) = 0,$$

可知 $\Phi(a)$ 与 a 无关, 因此 $\Phi(a) = \Phi(0)$, 即

$$\int_a^{a+T} f(x)\,\mathrm{d}x = \int_0^T f(x)\,\mathrm{d}x.$$

例 5.3.9 求 $I = \displaystyle\int_0^{2\pi} \dfrac{\mathrm{d}x}{2 + \sin x}.$

解 记 $f(x) = \dfrac{1}{2 + \sin x}$, 利用 $f(x)$ 的周期性质(以 2π 为周期),

由例 5.3.8 得

$$I = \int_0^{2\pi} f(x)\,dx = \int_{-\pi}^{\pi} f(x)\,dx.$$

由定积分的区间可加性，有

$$I = \left(\int_{-\pi}^{-\frac{\pi}{2}} + \int_{-\frac{\pi}{2}}^{0} + \int_{0}^{\frac{\pi}{2}} + \int_{\frac{\pi}{2}}^{\pi} \right) f(x)\,dx.$$

注意到 $f(\pi-t)=f(t)$，对积分 $\int_{\frac{\pi}{2}}^{\pi} f(x)\,dx$ 作变量替换 $t=\pi-x$ 可得

$$\int_{\frac{\pi}{2}}^{\pi} f(x)\,dx = -\int_{\frac{\pi}{2}}^{0} f(\pi-t)\,dt = \int_{0}^{\frac{\pi}{2}} f(t)\,dt = \int_{0}^{\frac{\pi}{2}} f(x)\,dx.$$

同理对积分 $\int_{-\pi}^{-\frac{\pi}{2}} f(x)\,dx$ 作变量替换 $t=-\pi-x$ 得

$$\int_{-\pi}^{-\frac{\pi}{2}} f(x)\,dx = \int_{-\frac{\pi}{2}}^{0} f(x)\,dx.$$

所以有

$$I = \left(\int_{-\pi}^{-\frac{\pi}{2}} + \int_{-\frac{\pi}{2}}^{0} + \int_{0}^{\frac{\pi}{2}} + \int_{\frac{\pi}{2}}^{\pi} \right) f(x)\,dx = 2\int_{-\frac{\pi}{2}}^{\frac{\pi}{2}} f(x)\,dx.$$

再令 $t=\tan\frac{x}{2}$，当 x 从 $-\frac{\pi}{2}$ 变到 $\frac{\pi}{2}$ 时，t 从 -1 增加到 1，从而有

$$I = \int_{-1}^{1} \frac{2dt}{t^2+t+1} = 2\int_{-1}^{1} \frac{d\left(t+\frac{1}{2}\right)}{\left(t+\frac{1}{2}\right)^2 + \frac{3}{4}}$$

$$= \frac{4}{\sqrt{3}}\arctan\frac{2}{\sqrt{3}}\left(t+\frac{1}{2}\right)\bigg|_{-1}^{1}$$

$$= \frac{4}{\sqrt{3}}\left(\arctan\sqrt{3} + \arctan\frac{1}{\sqrt{3}}\right)$$

$$= \frac{4}{\sqrt{3}}\left(\frac{\pi}{6} + \frac{\pi}{3}\right)$$

$$= \frac{2\pi}{\sqrt{3}}.$$

5.3.2　分部积分法

设函数 $u(x)$、$v(x)$ 在区间 $[a,b]$ 上具有连续导数 $u'(x)$、$v'(x)$，由 $(uv)'=u'v+uv'$ 得 $uv'=(uv)'-u'v$，两端在区间 $[a,b]$ 上积分得 $\int_a^b uv'dx = [uv]_a^b - \int_a^b u'vdx$，或 $\int_a^b udv = [uv]_a^b - \int_a^b vdu$.
这就是定积分的分部积分公式.

分部积分过程如下：

$$\int_a^b uv'\mathrm{d}x = \int_a^b u\mathrm{d}v = [uv]_a^b - \int_a^b v\mathrm{d}u = [uv]_a^b - \int_a^b u'v\mathrm{d}x = \cdots.$$

例 5.3.10 求 $\int_1^2 \ln x\mathrm{d}x$.

解 $\int_1^2 \ln x\mathrm{d}x = x\ln x\Big|_1^2 - \int_1^2 x\mathrm{d}(\ln x) = x\ln x\Big|_1^2 - \int_1^2 x\cdot\dfrac{1}{x}\mathrm{d}x$

$$= x\ln x\Big|_1^2 - x\Big|_1^2 = 2\ln 2 - 1.$$

例 5.3.11 计算 $\int_0^1 x\mathrm{e}^x\mathrm{d}x$.

解 令 $\qquad u(x) = x,\ \ v'(x) = \mathrm{e}^x,$

$$\int_0^1 x\mathrm{e}^x\mathrm{d}x = [x\mathrm{e}^x]\Big|_0^1 - \int_0^1 \mathrm{e}^x\mathrm{d}x = \mathrm{e} - [\mathrm{e}]_0^1 = \mathrm{e} - \mathrm{e} + 1 = 1.$$

例 5.3.12 设 $I_n = \int_0^{\frac{\pi}{2}} \sin^n x\mathrm{d}x$ (n 为正整数)，证明

$$I_{2m} = \frac{2m-1}{2m}\cdot\frac{2m-3}{2m-2}\cdot\frac{2m-5}{2m-4}\cdot\cdots\cdot\frac{3}{4}\cdot\frac{1}{2}\cdot\frac{\pi}{2},$$

$$I_{2m+1} = \frac{2m}{2m+1}\cdot\frac{2m-2}{2m-1}\cdot\frac{2m-4}{2m-3}\cdot\cdots\cdot\frac{4}{5}\cdot\frac{2}{3}.$$

证 $I_n = \int_0^{\frac{\pi}{2}} \sin^n x\mathrm{d}x = -\int_0^{\frac{\pi}{2}} \sin^{n-1}x\mathrm{d}(\cos x)$

$$= -[\cos x\sin^{n-1}x]_0^{\frac{\pi}{2}} + (n-1)\int_0^{\frac{\pi}{2}} \cos^2 x\sin^{n-2}x\mathrm{d}x$$

$$= (n-1)\int_0^{\frac{\pi}{2}} (\sin^{n-2}x - \sin^n x)\mathrm{d}x$$

$$= (n-1)\int_0^{\frac{\pi}{2}} \sin^{n-2}x\mathrm{d}x - (n-1)\int_0^{\frac{\pi}{2}} \sin^n x\mathrm{d}x$$

$$= (n-1)I_{n-2} - (n-1)I_n,$$

由此得 $\quad I_n = \dfrac{n-1}{n}I_{n-2}.$

$$I_{2m} = \frac{2m-1}{2m}\cdot\frac{2m-3}{2m-2}\cdot\frac{2m-5}{2m-4}\cdot\cdots\cdot\frac{3}{4}\cdot\frac{1}{2}\cdot I_0,$$

$$I_{2m+1} = \frac{2m}{2m+1}\cdot\frac{2m-2}{2m-1}\cdot\frac{2m-4}{2m-3}\cdot\cdots\cdot\frac{4}{5}\cdot\frac{2}{3}\cdot I_1.$$

特别地，$\quad I_0 = \int_0^{\frac{\pi}{2}} \mathrm{d}x = \dfrac{\pi}{2},\ I_1 = \int_0^{\frac{\pi}{2}} \sin x\mathrm{d}x = 1.$

因此 $\quad I_{2m} = \dfrac{2m-1}{2m}\cdot\dfrac{2m-3}{2m-2}\cdot\dfrac{2m-5}{2m-4}\cdot\cdots\cdot\dfrac{3}{4}\cdot\dfrac{1}{2}\cdot\dfrac{\pi}{2},$

$$I_{2m+1} = \frac{2m}{2m+1}\cdot\frac{2m-2}{2m-1}\cdot\frac{2m-4}{2m-3}\cdot\cdots\cdot\frac{4}{5}\cdot\frac{2}{3}.$$

习题 5.3

1. 计算下列定积分.

(1) $\int_0^1 \sqrt{1-x^2}\,dx$;　　　(2) $J = \int_0^1 \dfrac{\ln(1+x)}{1+x^2}\,dx$;

(3) $\int_0^{\frac{\pi}{2}} \sin t\cos^2 t\,dt$;

(4) $\int_{-1}^0 (x+1)\sqrt{1-x-x^2}\,dx$;

(5) $\int_0^{\frac{\pi}{2}} \cos^5 x\sin 2x\,dx$;　　(6) $\int_0^1 \sqrt{4-x^2}\,dx$;

(7) $\int_0^a x^2\sqrt{a^2-x^2}\,dx\,(a>0)$;

(8) $\int_0^1 \dfrac{dx}{(x^2-x+1)^{\frac{3}{2}}}$;　　(9) $\int_0^1 \dfrac{dx}{e^x+e^{-x}}$;

(10) $\int_0^{\frac{\pi}{2}} \dfrac{\cos x}{1+\sin^2 x}\,dx$;　　(11) $\int_0^1 \arcsin x\,dx$;

(12) $\int_0^{\frac{\pi}{2}} e^x\sin x\,dx$;　　(13) $\int_{\frac{1}{e}}^e |\ln x|\,dx$;

(14) $\int_0^1 e^{\sqrt{x}}\,dx$;

(15) $\int_0^a x^2\sqrt{\dfrac{a-x}{a+x}}\,dx\,(a>0)$;

(16) $\int_0^{\frac{\pi}{2}} \dfrac{\cos\theta}{\sin\theta+\cos\theta}\,d\theta$;

(17) $\int_0^{16} \dfrac{dx}{\sqrt{x+9}-\sqrt{x}}$;

(18) $\int_1^3 \arcsin\sqrt{\dfrac{x}{1+x}}\,dx$;

(19) $\int_0^{\frac{1}{2}} x\ln\dfrac{1+x}{1-x}\,dx$;

(20) $\int_0^{\frac{\pi}{2}} \sqrt{1-\sin 4x}\,dx$.

2. 证明 $\int_a^1 \dfrac{1}{1+x^2}\,dx = -\int_1^{\frac{1}{a}} \dfrac{dx}{1+x^2}$.

3. 设 $f(x)$ 在 $[a,b]$ 上连续, 证明 $\int_a^b f(x)\,dx = \int_a^b f(a+b-x)\,dx$.

4. 证明 $\int_0^1 x^m(1-x)^n\,dx = \int_0^1 x^n(1-x)^m\,dx$ (其中 m,n 均为自然数).

5. 证明: 连续的奇函数的一切原函数皆为偶函数; 连续的偶函数的原函数中只有一个奇函数.

5.4　定积分的应用

定积分来源于解决实际问题, 通过对定积分的学习, 研究了定积分的几何意义与物理意义, 定积分的数学结构由 "和式的极限" 归结而来, 在掌握了定积分运算的方法之后, 现在将定积分的运算思想、计算方法应用于实际问题.

本节对于定积分的应用的学习主要分为两个大的方面, 分别是: 平面图形的面积与立体图形的体积、平面曲线的弧长与旋转曲面的面积.

5.4.1　定积分的元素法

回忆曲边梯形面积的计算过程, 体会定积分的定义, 即可总结得出应用定积分解决实际问题的基本思想.

设 $y=f(x)\geqslant 0\,(x\in[a,b])$ 为连续函数, 那么通过定积分的几何意义可知,

$$A = \int_a^b f(x)\,\mathrm{d}x$$

是以 $[a,b]$ 为底的曲边梯形的面积. 计算过程归纳如下:

将区间 $[a,b]$ 分割为若干小区间, 曲边梯形划分为若干小的曲边梯形, 用一个等宽的小矩形代替小曲边梯形, 以 Δx_i 为底边、$f(\xi_i)$ 为高的窄矩形的面积

$$\Delta A_i = f(\xi_i)\Delta x_i,$$

A 的近似值为

$$A \approx \sum_{i=1}^n f(\xi_i)\Delta x_i,$$

取极限

$$A = \lim_{\lambda \to 0}\sum_{i=1}^n f(\xi_i)\Delta x_i = \int_a^b f(x)\,\mathrm{d}x.$$

在上述过程中关键在于:

(1) 微分 $\mathrm{d}A(x) = f(x)\,\mathrm{d}x$ 表示点 x 处以 $\mathrm{d}x$ 为宽的小曲边梯形面积的近似值 $\Delta A \approx f(x)\,\mathrm{d}x$, $f(x)\,\mathrm{d}x$ 称为曲边梯形的面积元素.

(2) 以 $[a,b]$ 为底的曲边梯形的面积 A 就是以面积元素 $f(x)\,\mathrm{d}x$ 为被积表达式, 以 $[a,b]$ 为积分区间的定积分 $A = \int_a^b f(x)\,\mathrm{d}x$.

一般情况下, 为求某一量 U, 先将此量分布在某一区间 $[a,b]$ 上, 分布在 $[a,x]$ 上的量用函数 $U(x)$ 表示, 再求这一量的元素 $\mathrm{d}U(x)$, 设 $\mathrm{d}U(x) = u(x)\,\mathrm{d}x$, 然后以 $u(x)\,\mathrm{d}x$ 为被积表达式, 以 $[a,b]$ 为积分区间求定积分即得

$$U = \int_a^b f(x)\,\mathrm{d}x.$$

用这一方法求一量值的方法称为元素法(或微元法).

5.4.2　平面图形的面积

1. 直角坐标系下平面图形的面积

设平面图形由上下两条曲线 $y = f_上(x)$ 与 $y = f_下(x)$ 及左右两条直线 $x = a$ 与 $x = b$ 所围成(见图 5.4.1), 则面积元素为 $[f_上(x) - f_下(x)]\mathrm{d}x$, 于是平面图形的面积为

$$S = \int_a^b [f_上(x) - f_下(x)]\mathrm{d}x. \tag{5.4.1}$$

类似地, 由左右两条曲线 $x = \varphi_左(y)$ 与 $x = \varphi_右(y)$ 及上下两条直线 $y = d$ 与 $y = c$ 所围成的平面图形(见图 5.4.2)的面积为

$$S = \int_c^d [\varphi_右(y) - \varphi_左(y)]\mathrm{d}y \tag{5.4.2}$$

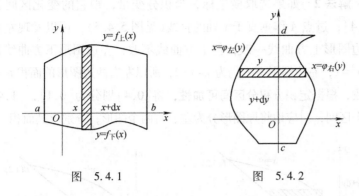

图　5.4.1　　　　　　　图　5.4.2

例 5.4.1　计算由抛物线 $y = x^2$ 与直线 $y = x$ 所围成的图形的面积.

解　由抛物线 $y = x^2$ 与直线 $y = x$ 所围成的图形如图 5.4.3 所示.

先求出这两条线的交点，为此解方程组 $\begin{cases} y = x^2, \\ y = x \end{cases}$，得两个解：$x = 0$，$y = 0$ 及 $x = 1$，$y = 1$，即交点坐标为 $(0,0)$，$(1,1)$.

取横轴坐标 x 为积分变量，它的变化区间为 $[0,1]$. 相应于 $[0,1]$ 上的任一小区间所对应的窄条面积近似于高为 $x - x^2$，底为 $\mathrm{d}x$ 的矩形的面积，从而得到其面积元素为 $\mathrm{d}A = (x - x^2)\,\mathrm{d}x$，以 $(x - x^2)\,\mathrm{d}x$ 为被积表达式，在 $[0,1]$ 内求定积分，使得所求面积为

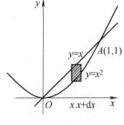

图　5.4.3

$$A = \int_0^1 (x - x^2)\,\mathrm{d}x = \left[\frac{1}{2}x^2 - \frac{1}{3}x^3 \right]_0^1 = \frac{1}{2} - \frac{1}{3} = \frac{1}{6}.$$

例 5.4.2　计算由抛物线 $x = y^2$ 与直线 $y = x - 2$ 所围成的图形的面积.

解　由抛物线 $x = y^2$ 与直线 $y = x - 2$ 所围成图形如图 5.4.4 所示.

先求出这两条线的交点，为此解方程组 $\begin{cases} y^2 = x, \\ y = x - 2 \end{cases}$，得两个解 $x = 1$，$y = -1$ 及 $x = 4$，$y = 2$，即交点坐标为 $(1,-1)$，$(4,2)$.

解法 1　取纵轴坐标 y 为积分变量，它的变化区间为 $[-1,2]$. 相应于 $[-1,2]$ 上的任一小区间所对应的窄条面积近似于高为 $\mathrm{d}y$，底为 $y + 2 - y^2$ 的矩形的面积，从而得到其面积元素为

$$\mathrm{d}A = (y + 2 - y^2)\,\mathrm{d}y.$$

以 $(y + 2 - y^2)\,\mathrm{d}y$ 为被积表达式，在 $[0,1]$ 内作窄积分，使得所求面积为

$$A = \int_{-1}^2 (y + 2 - y^2)\,\mathrm{d}y = \left[\frac{1}{2}y^2 + 2y - \frac{1}{3}y^3 \right]_{-1}^2 = \frac{9}{2}.$$

解法 2 如果选取横坐标 x 为积分变量，则它的变化区间为 $[0,4]$，过点 A 作垂直于 x 轴的直线(见图 5.4.5)，可以发现左右两边图形上方曲线一改，但下方曲线不改，左边图形下方曲线仍为 $y^2=x$，右边图形下方仍为 $y=x-2$，所以左右两边图形的面积元素不改，根据定积分积分区间可加性，将 $[0,4]$ 划分为 $[0,1]$，$[1,4]$ 两个区间，对应地将原图形分为左、右两个图形，分别求其面积．

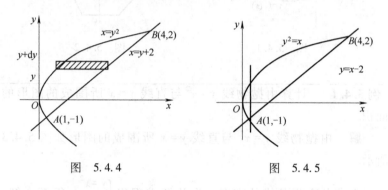

图 5.4.4   图 5.4.5

左边图形面积元素应为 $(\sqrt{x}-(-\sqrt{x}))\mathrm{d}x$，则

$$A_{左}=\int_0^1(\sqrt{x}-(-\sqrt{x}))\mathrm{d}x=\int_0^1 2\sqrt{x}\,\mathrm{d}x=2\cdot\frac{2}{3}x^{\frac{3}{2}}\Big|_0^1=\frac{4}{3},$$

右边图形面积元素应为 $(\sqrt{x}-x+2)\mathrm{d}x$，则

$$A_{右}=\int_1^4(\sqrt{x}-x+2)\mathrm{d}x=\left[\frac{2}{3}x^{\frac{3}{2}}-\frac{1}{2}x^2+2x\right]\Big|_1^4=\frac{19}{6},$$

所以
$$A=A_{左}+A_{右}=\frac{4}{3}+\frac{19}{6}=\frac{9}{2}.$$

例 5.4.3 求内摆线 $x=a\cos^3 t$，$y=a\sin^3 t(a>0)$ 所围图形的面积．

解
$$A=\left|\int_\alpha^\beta y(t)x'(t)\mathrm{d}t\right|=\left|\int_0^{2\pi}a\sin^3 t(-3a\cos^2 t\sin t)\mathrm{d}t\right|$$

$$=3a^2\left|\int_0^{2\pi}\sin^4 t\cos^2 t\,\mathrm{d}t\right|=3a^2\left|\int_0^{2\pi}(\sin^4 t-\sin^6 t)\mathrm{d}t\right|$$

$$=3a^2\left(\frac{3\pi}{4}-\frac{5\pi}{8}\right)=\frac{3\pi a^2}{8}.$$

2. 极坐标情形

由顶点在圆心的角的两边和这两边所截一段圆弧围成的图形叫作扇形，扇形面积公式为

$$A=\frac{1}{2}R^2\theta.$$

由曲线 $\rho=\varphi(\theta)$ 及射线 $\theta=\alpha$，$\theta=\beta$ 围成的图形称为曲边扇形．因不能保证 $\rho=\varphi(\theta)$ 为圆弧，所以不能直接使用扇形面积公式．

应用元素法，由极点引出射线将曲边扇形进行分割，形成若

干小的曲边扇形,当切割足够小时,将每个小曲边扇形近似看作扇形,应用扇形面积公式求出近似值,之后累加,求极限.

通过上面的叙述,可以写出曲边扇形的面积元素为

$$dS = \frac{1}{2}[\varphi(\theta)]^2 d\theta.$$

曲边扇形的面积为

$$S = \int_\alpha^\beta \frac{1}{2}[\varphi(\theta)]^2 d\theta. \tag{5.4.3}$$

例 5.4.4 求三叶玫瑰线 $r = a\sin3\theta$ 所围图形的面积.

解 图 5.4.6 给出三叶玫瑰线的一叶,三叶玫瑰线所围图形的面积为所示图形的 3 倍,所以

$$面积 = 3\int_{-\frac{\pi}{6}}^{\frac{\pi}{6}} \frac{1}{2}(a\sin3\theta)^2 d\theta = 3\int_0^{\frac{\pi}{6}} a^2\sin^23\theta d\theta = a^2\int_0^{\frac{\pi}{6}}\sin^23\theta d\theta,$$

令 $3\theta = t$,则当 $\theta = 0$ 时,$t = 0$;当 $\theta = \frac{\pi}{6}$ 时,$t = \frac{\pi}{2}$,所以,

$$原式 = a^2\int_0^{\frac{\pi}{2}}\sin^2t dt = a^2 \frac{\pi}{2} \cdot \frac{1}{2} = \frac{\pi a^2}{4}.$$

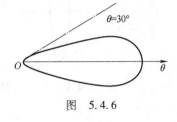

图 5.4.6

例 5.4.5 求两曲线 $r = \sin\theta$ 与 $r = \sqrt{3}\cos\theta$ 所围公共部分的面积.

解 因为这两个圆相交于 $\theta = \frac{\pi}{3}$ 处,所以所求面积

$$A = \frac{1}{2}\int_0^{\frac{\pi}{3}}\sin^2\theta d\theta + \frac{1}{2}\int_{\frac{\pi}{3}}^{\frac{\pi}{2}}3\cos^2\theta d\theta$$

$$= \frac{1}{4}\int_0^{\frac{\pi}{3}}(1 - \cos2\theta)d\theta + \frac{3}{4}\int_{\frac{\pi}{3}}^{\frac{\pi}{2}}(1 + \cos2\theta)d\theta$$

$$= \frac{1}{4}\left(\frac{\pi}{3} - \frac{\sqrt{3}}{4}\right) + \frac{3}{4}\left(\frac{\pi}{6} - \frac{\sqrt{3}}{4}\right)$$

$$= \frac{5\pi}{24} - \frac{\sqrt{3}}{4}.$$

5.4.3 体积

虽然定积分的几何意义为曲边梯形的面积,但是应用定积分也可以求出一些特殊空间立体的体积,其中空间立体的特殊性体现在能否写出其体积元素.

1. 旋转体的体积

旋转体就是由一个平面图形绕这平面内一条直线旋转一周而成的立体.这条直线叫作旋转轴.常见的旋转体有圆柱、圆锥、圆台、球体.

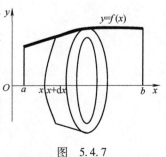

图 5.4.7

旋转体都可以看作是由连续曲线 $y=f(x)$、直线 $x=a$、$x=b$ 及 x 轴所围成的曲边梯形(见图 5.4.7)绕 x 轴旋转一周而成的立体.

设过区间 $[a,b]$ 内点 x 且垂直于 x 轴的平面左侧的旋转体的体积为 $V(x)$,当平面左右平移 $\mathrm{d}x$ 后,体积的增量近似为 $\Delta V = \pi[f(x)]^2\mathrm{d}x$,于是体积元素为

$$\mathrm{d}V = \pi[f(x)]^2\mathrm{d}x,$$

旋转体的体积为

$$V = \int_a^b \pi[f(x)]^2\mathrm{d}x. \tag{5.4.4}$$

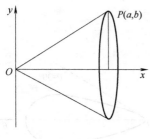

图 5.4.8

例 5.4.6　连接坐标原点 O 及点 $P(a,b)$ 的直线、直线 $x=a$ 及 x 轴围成一个直角三角形(见图 5.4.8). 将它绕 x 轴旋转构成一个底半径为 b、高为 a 的圆锥体. 计算这圆锥体的体积.

解　直角三角形斜边的直线方程为

$$y = \frac{b}{a}x$$

所求圆锥体的体积为

$$V = \int_0^a \pi\left(\frac{b}{a}x\right)^2\mathrm{d}x = \frac{\pi b^2}{a^2}\left[\frac{1}{3}x^3\right]_0^a = \frac{1}{3}\pi ab^2.$$

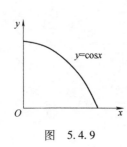

图 5.4.9

例 5.4.7　计算由曲线 $y=\cos x\left(0\leqslant x\leqslant\frac{\pi}{2}\right)$ 和 x 轴所围成的图形(见图 5.4.9),绕 x 轴旋转一周而成的旋转体的体积.

解　取 x 为积分变量,$x\in\left[0,\frac{\pi}{2}\right]$,则

$$\int_0^{\frac{\pi}{2}} \pi\cos^2 x\,\mathrm{d}x = \pi\int_0^{\frac{\pi}{2}}\frac{1+\cos 2x}{2}\mathrm{d}x = \frac{\pi}{2}\int_0^{\frac{\pi}{2}}(1+\cos 2x)\mathrm{d}x = \frac{\pi^2}{4}.$$

例 5.4.8　求曲线 $x=a\cos^3 t$,$y=a\sin^3 t(a>0)$ 所围平面图形绕 x 轴旋转所得立体的体积.

解　依照旋转体的计算公式,所求立体体积为

$$V = 2\int_0^a \pi y^2\mathrm{d}x = 2a^2\pi\int_{\frac{\pi}{2}}^0 \sin^6 t(a\cos^3 t)'\mathrm{d}t$$

$$= 6\pi a^3\int_0^{\frac{\pi}{2}}\sin^7 t\cos^2 t\mathrm{d}t = -6\pi a^3\int_0^{\frac{\pi}{2}}(1-\cos^2 t)^3\cos^2 t\mathrm{d}(\cos t)$$

$$= -6\pi a^3\int_0^{\frac{\pi}{2}}(\cos^2 t - 3\cos^4 t + 3\cos^6 t - \cos^8 t)\mathrm{d}(\cos t)$$

$$= -6\pi a^3\left[\frac{\cos^3 t}{3} - \frac{3\cos^5 t}{5} + \frac{3\cos^7 t}{7} - \frac{\cos^9 t}{9}\right]\Bigg|_0^{\frac{\pi}{2}}$$

$$= 6\pi a^3\left(\frac{1}{3} - \frac{3}{5} + \frac{3}{7} - \frac{1}{9}\right)$$

$$= \frac{32}{105}\pi a^3.$$

例 5.4.9　导出曲边梯形 $0 \leqslant y \leqslant f(x)$，$a \leqslant x \leqslant b$ 绕 y 轴旋转所得立体的体积公式为

$$V = 2\pi \int_a^b x f(x) \, \mathrm{d}x.$$

解　对 $[a,b]$ 作分割 T，在 T 所属的每个小区间 $[x_{i-1}, x_i]$ 上的狭条小曲边梯形，绕 y 轴旋转所得立体体积为

$$\Delta V_i \approx 2\pi \xi_i f(\xi_i) \Delta x_i, \xi_i \in [x_{i-1}, x_i],$$

于是有

$$V = \lim_{\|T\| \to 0} \sum_{i=1}^n \Delta V_i = 2\pi \lim_{\|T\| \to 0} \sum_{i=1}^n \xi_i f(\xi_i) \Delta x_i = 2\pi \int_a^b x f(x) \, \mathrm{d}x.$$

2. 平行截面面积为已知的立体的体积

设立体在 x 轴的投影区间为 $[a,b]$，过点 x 且垂直于 x 轴的平面与立体相截，截面面积已知，记为 $A(x)$，则体积元素为 $A(x)\mathrm{d}x$，立体的体积为

$$V = \int_a^b A(x) \, \mathrm{d}x.$$

例 5.4.10　求以半径为 R 的圆为底，且垂直于底圆直径的所有截面都是等边三角形的立体体积，如图 5.4.10 所示.

解　取底圆所在的平面为 xOy 平面，圆心为原点，底圆的方程为 $x^2 + y^2 = R^2$. 过 x 轴上的点 $x(-R < x < R)$ 作垂直于 x 轴的平面，所对应的等边三角形的截面边长为 $2\sqrt{R^2 - x^2}$，高为 $\sqrt{3(R^2 - x^2)}$. 这截面的面积为

$$A(x) = \frac{1}{2} \times 2\sqrt{R^2 - x^2} \times \sqrt{3(R^2 - x^2)} = \sqrt{3}(R^2 - x^2),$$

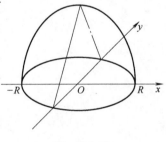

图　5.4.10

于是所求立体的体积为

$$V = \int_{-R}^R A(x) \, \mathrm{d}x = \int_{-R}^R \sqrt{3}(R^2 - x^2) \, \mathrm{d}x = \frac{4\sqrt{3}}{3} R^3.$$

5.4.4　平面曲线的弧长

设 A，B 是曲线弧上的两个端点. 在弧 AB 上任取分点

$$A = M_0, M_1, M_2, \cdots, M_{i-1}, M_i, \cdots, M_{n-1}, M_n = B,$$

并依次连接相邻的分点得一内接折线. 当分点的数目无限增加且每个小段 $M_{i-1}M_i$ 都缩向一点时，如果此折线的长 $\sum_{i=1}^n |M_{i-1}M_i|$ 的极限存在，则称此极限为曲线弧 AB 的弧长，并称此曲线弧 AB 是可求长的.

定理 5.4.1 光滑曲线弧是可求弧长的.

1. 直角坐标情形

设曲线弧由直角坐标方程

$$y=f(x) \quad (a \leqslant x \leqslant b)$$

给出,其中 $f(x)$ 在区间 $[a,b]$ 上具有一阶连续导数. 现在来计算这曲线弧的长度.

取横坐标 x 为积分变量,它的变化区间为 $[a,b]$ 曲线 $y=f(x)$ 上相应于 $[a,b]$ 上任一小区间 $[x,x+dx]$ 的一段弧的长度,可以用该曲线在点 $(x,f(x))$ 处的切线上相应的一小段的长度来近似代替. 而切线上这相应的小段的长度为

$$\sqrt{(dx)^2+(dy)^2}=\sqrt{1+y'^2}\,dx,$$

从而得弧长元素(即弧微分)

$$ds=\sqrt{1+y'^2}\,dx.$$

以 $\sqrt{1+y'^2}\,dx$ 为被积表达式,在闭区间 $[a,b]$ 上作定积分,便得所求的弧长为

$$s=\int_a^b \sqrt{1+y'^2}\,dx.$$

例 5.4.11 求摆线 $x=a(t-\sin t), y=a(1-\cos t)\,(a>0)$ 一拱的弧长.

解 由于 $x'(t)=a(1-\cos t), y'(t)=a\sin t,$

得 $s=\int_0^{2\pi}\sqrt{x'^2+y'^2}\,dt=\int_0^{2\pi}\sqrt{2a^2(1-\cos t)}\,dt=8a.$

2. 参数方程情形

设曲线弧由参数方程 $x=\varphi(t)$、$y=\psi(t)\,(a\leqslant t\leqslant b)$ 给出,其中 $\varphi(t)$、$\psi(t)$ 在 $[\alpha,\beta]$ 上具有连续导数.

因为 $\dfrac{dy}{dx}=\dfrac{\psi'(t)}{\varphi'(t)}$,$dx=\varphi'(t)\,dt$,所以弧长元素为

$$ds=\sqrt{1+\frac{\psi'^2(t)}{\varphi'^2(t)}}\,\varphi'(t)\,dt=\sqrt{\varphi'^2(t)+\psi'^2(t)}\,dt.$$

所求弧长为

$$s=\int_\alpha^\beta \sqrt{\varphi'^2(t)+\psi'^2(t)}\,dt.$$

例 5.4.12 计算摆线 $x=a(\theta-\sin\theta)$, $y=a(1-\cos\theta)$ 的一拱($0\leqslant\theta\leqslant 2\pi$)的长度.

解 弧长元素为

$$\mathrm{d}s = \sqrt{a^2(1-\cos\theta)^2 + a^2\sin^2\theta}\,\mathrm{d}\theta = a\sqrt{2(1-\cos\theta)}\,\mathrm{d}\theta = 2a\sin\frac{\theta}{2}\mathrm{d}\theta.$$

所求弧长为

$$s = \int_0^{2\pi} 2a\sin\frac{\theta}{2}\mathrm{d}\theta = 2a\left[-2\cos\frac{\theta}{2}\right]_0^{2\pi} = 8a.$$

3. 极坐标情形

设曲线弧由极坐标方程

$$\rho = \rho(\theta) \quad (a \leqslant \theta \leqslant b)$$

给出，其中 $r(\theta)$ 在 $[\alpha,\beta]$ 上具有连续导数. 由直角坐标与极坐标的关系可得

$$x = \rho(\theta)\cos\theta, \qquad y = \rho(\theta)\sin\theta\,(\alpha \leqslant \theta \leqslant \beta),$$

于是得弧长元素为

$$\mathrm{d}s = \sqrt{x'^2(\theta) + y'^2(\theta)}\,\mathrm{d}\theta = \sqrt{\rho^2(\theta) + \rho'^2(\theta)}\,\mathrm{d}\theta.$$

从而所求弧长为

$$s = \int_\alpha^\beta \sqrt{\rho^2(\theta) + \rho'^2(\theta)}\,\mathrm{d}\theta.$$

例 5.4.13 求悬链线 $y = \dfrac{\mathrm{e}^x + \mathrm{e}^{-x}}{2}$ 从 $x=0$ 到 $x=a>0$ 那一段的弧长.

解 由于 $y' = \dfrac{\mathrm{e}^x - \mathrm{e}^{-x}}{2}$, 得

$$s = \int_0^a \sqrt{1+y'^2}\,\mathrm{d}x = \int_0^a \frac{\mathrm{e}^x + \mathrm{e}^{-x}}{2}\mathrm{d}x$$

$$= \frac{\mathrm{e}^a - \mathrm{e}^{-a}}{2}.$$

例 5.4.14 求阿基米德螺线 $\rho = a\theta(a>0)$ 相应于 θ 从 0 到 2π 一段的弧长(见图 5.4.11).

解 弧长元素为

$$\mathrm{d}s = \sqrt{a^2\theta^2 + a^2}\,\mathrm{d}\theta = a\sqrt{1+\theta^2}\,\mathrm{d}\theta.$$

于是所求弧长为

$$s = \int_0^{2\pi} a\sqrt{1+\theta^2}\,\mathrm{d}\theta = \frac{a}{2}\left[2\pi\sqrt{1+4\pi^2} + \ln(2\pi + \sqrt{1+4\pi^2})\right].$$

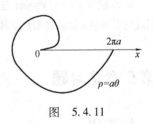

图 5.4.11

4. 总结

(1) 光滑曲线段

$$x = x(t), y = y(t)$$

的弧长计算公式为

$$s = \int_\alpha^\beta \sqrt{x'^2(t) + y'^2(t)}\,\mathrm{d}t.$$

(2) 若曲线由直角坐标方程

$$y=f(x), x \in [a,b]$$

表示，且 $f(x)$ 在 $[a,b]$ 上连续可微，则其弧长计算公式为

$$s = \int_a^b \sqrt{1 + f'^2(x)}\, dx.$$

（3）若曲线由极坐标方程

$$r=r(\theta), \theta \in [\alpha,\beta]$$

表示，且 $r'(\theta)$ 在 $[\alpha,\beta]$ 上连续，则其弧长计算公式为

$$s = \int_\alpha^\beta \sqrt{r^2(\theta) + r'^2(\theta)}\, d\theta.$$

（4）$ds = \sqrt{dx^2 + dy^2}$ 称为弧长元素. 当曲线方程分别由以上三种情形给出时，相应的弧长元素分别为

$$ds = \sqrt{x'^2(t) + y'^2(t)}\, dt,$$
$$ds = \sqrt{1 + f'^2(x)}\, dx,$$
$$ds = \sqrt{r^2(\theta) + r'^2(\theta)}\, d\theta.$$

习题 5.4

1. 用定积分计算由直线 $y=x$，直线 $x=4$ 及 x 轴所围成图形的面积.

2. 计算由抛物线 $y=x^2$ 及直线 $y-2x=0$ 所围成图形的面积.

3. 求曲线 $y=-x^3+3x^2-2x$ 与 x 轴所围成图形的面积.

4. 求由曲线 $y=x+\dfrac{1}{x}$ 与直线 $x=2$ 及 $y=2$ 所围成图形的面积.

5. 求曲线 $y=e^x$，$y=\sin x$ 与直线 $x=0$ 和 $x=1$ 所围成的图形绕 x 轴旋转所成立体的体积.

6. 求星形线 $\begin{cases} x=a\cos^3\varphi \\ y=a\sin^3\varphi \end{cases}$，$(0\leq\varphi\leq2\pi, a>0)$ 的全长.

7. 求 $\dfrac{x^2}{a^2}+\dfrac{y^2}{b^2}=1$ 绕 y 轴旋转一周得到的立体的体积.

8. 计算悬链线 $y=\dfrac{1}{2}(e^x+e^{-x})$ 在 $[0,t]$ 上的一段弧长.

9. 计算悬链线 $y=\dfrac{1}{2}(e^x+e^{-x})$ 在 $[0,t]$ 上的曲边梯形绕 x 轴旋转一周所得旋转体的体积.

第 5 章总习题

1. 填空题

（1）函数 $f(x)$ 在 $[a,b]$ 上有界是 $f(x)$ 在 $[a,b]$ 上可积的_____条件.

（2）函数 $f(x)$ 在 $[a,b]$ 上连续是 $f(x)$ 在 $[a,b]$ 上可积的_____条件.

（3）若函数 $f(x)$ 在 $[a,b]$ 上有定义且 $|f(x)|$ 在 $[a,b]$ 上可积，则 $\int_a^b f(x)dx$ _____存在.

（4）设函数 $f(x)$ 与 $g(x)$ 在 $[a,b]$ 上连续，且 $f(x)\geq g(x)$，则 $\int_a^b [f(x)-g(x)]dx$ 的几何意义为_____.

（5）设函数 $f(x)$ 在 $[a,b]$ 上连续，且 $f(x)\geq0$，则 $\int_a^b \pi f^2(x)dx$ 的几何意义为_____.

2. 求下列极限.

(1) $\lim\limits_{n\to\infty} \dfrac{1}{n}\sum\limits_{i=1}^{n}\sqrt{1-\dfrac{i}{n}}$;

(2) $\lim\limits_{n\to\infty}\dfrac{1^q+2^q+\cdots+n^q}{n^{q+1}}\,(q>0)$;

(3) $\lim\limits_{n\to\infty} n\left(\dfrac{1}{n^2+1}+\dfrac{1}{n^2+2^2}+\cdots+\dfrac{1}{2n^2}\right)$;

(4) $\lim\limits_{n\to\infty}\dfrac{1}{n}\left(\sin\dfrac{\pi}{n}+\sin\dfrac{2\pi}{n}+\cdots+\sin\dfrac{n-1}{n}\pi\right)$.

3. 设 $f(x)$ 与 $g(x)$ 在 $[a,b]$ 上都连续，证明：

(1) $\left(\int_a^b f(x)g(x)\mathrm{d}x\right)^2\leqslant\int_a^b f^2(x)\mathrm{d}x\cdot\int_a^b g^2(x)\mathrm{d}x$
（柯西 - 施瓦茨不等式）；

(2) $\left(\int_a^b [f(x)+g(x)]^2\mathrm{d}x\right)^{\frac{1}{2}}\leqslant\left(\int_a^b f^2(x)\mathrm{d}x\right)^{\frac{1}{2}}+$
$\left(\int_a^b g^2(x)\mathrm{d}x\right)^{\frac{1}{2}}$（闵可夫斯基不等式）；

(3) 若 $f(x)>0$，则 $\int_a^b f(x)\mathrm{d}x\cdot\int_a^b\dfrac{1}{f(x)}\mathrm{d}x\geqslant$

$(b-a)^2$.

4. 计算下列定积分.

(1) $\int_0^{+\infty} e^{-ax}\cos bx\mathrm{d}x\,(a>0)$;

(2) $\int_0^{+\infty} e^{-ax}\sin bx\mathrm{d}x\,(a>0)$;

(3) $\int_0^{+\infty}\dfrac{\ln x}{1+x^2}\mathrm{d}x$;

(4) $\int_0^{\frac{\pi}{2}}\ln(\tan\theta)\mathrm{d}\theta$.

5. （积分第一中值定理）设 $f(x)$ 在闭区间 $[a,b]$ 上连续，$g(x)$ 在闭区间 $[a,b]$ 上连续不变号. 证明至少存在一点 $\xi\in[a,b]$，使等式
$$\int_a^b f(x)g(x)\mathrm{d}x=f(\xi)\int_a^b g(x)\mathrm{d}x$$
成立.

参考文献

[1] FINLAY S G. 微积分与解析几何：原书第 2 版[M]. 影印版. 北京：机械工业出版社，2015.

[2] GHORPADE S R. 多元微积分教程[M]. 影印版. 北京：世界图书出版公司，2014.

[3] 李心灿. 高等数学[M]. 北京：高等教育出版社，2003.

[4] 盛祥耀，居余马，李欧，等. 高等数学[M]. 北京：高等教育出版社，2002.

[5] 韩云瑞，张广远，扈志明. 微积分教程[M]. 北京：清华大学出版社，2007.

[6] 刘浩荣，郭景德. 高等数学[M]. 上海：同济大学出版社，2014.

[7] 四川大学数学系高等数学教研室. 高等数学[M]. 北京：高等教育出版社，2002.

[8] 张天德. 数学分析辅导及习题精解[M]. 延吉：延边大学出版社，2018.

[9] 胡晓敏. 数学分析考研教案[M]. 西安：西北工业大学出版社，2006.

[10] 曹显兵，刘喜波. 高等数学（微积分）辅导讲义[M]. 西安：西安交通大学出版社，2017.

[11] 谢锡麟. 微积分讲稿一元微积分[M]. 上海：复旦大学出版社，2015.

[12] 熊传霞. 微积分[M]. 武汉：华中师范大学出版社，2014.

[13] 毛羽辉. 数学分析（第四版）学习指导书[M]. 北京：高等教育出版社，2011.

[14] 史济怀. 数学分析教程[M]. 北京：高等教育出版社，2003.

[15] 张筑生. 数学分析新讲：第一册[M]. 北京：北京大学出版社，1900.

[16] 华东师范大学数学系. 数学分析[M]. 北京：高等教育出版社，1980.

[17] 陆海霞，吴耀强. 微积分[M]. 北京：中国建材工业出版社，2016.